多肉植物
栽培圖鑑

| 認識不同多肉植物的魅力，|
| 輕鬆打造迷你綠植空間 |

introduction
多肉♥LOVE

若想培育小型綠色植物,多肉植物是最適合的選擇!
獨特的姿態魅力十足,而且生命力強韌又容易管理。
只要掌握培育的訣竅之後,就可以長期享受栽培的樂趣。

多肉植物總是會讓人忍不住作為室內觀葉植物。
其種類事實上相當豐富，有各種形狀、顏色和質感。
用自己喜歡的組合為生活空間增添絕妙的色彩吧！

CONTENTS

多肉植物的配置 ········ 009

將小型的多肉種植在燒杯中 ········ 010
將個性不同的種類組合在一起 ········ 012
利用簡單的合植盆栽享受生長的樂趣 ········ 013
吊籃裡擠滿了色彩繽紛的多肉植物 ········ 014
利用白鐵容器簡單地配置多肉植物 ········ 016
以肉錐花屬多肉為主角的合植盆栽 ········ 017
種植在木箱裡的可愛多肉集錦 ········ 018
簡單利用有趣造型的多肉盆栽 ········ 020
膨大的莖基充滿魅力的塊根植物 ········ 022
培育成盆景風格的塊根植物 ········ 023
可欣賞透明葉片的十二卷屬盆栽 ········ 024
將小型的十二卷屬多肉擺成一排作為裝飾 ········ 024
將假扮成石頭的石頭玉集合在一起 ········ 026
利用插穗培育出小型的窗邊合植盆栽 ········ 028
將顏色和姿態各異的種類組合在一起，種植在吊籃裡 ········ 030
聚集了佛甲草屬多肉的玻璃生態缸 ········ 032
將仙人掌合植在方形鐵籃中 ········ 033
橫向種植成一整排形成富有變化的有趣配置 ········ 034

多肉植物的基本知識 ········ 037

為何多肉植物耐得住乾燥？ ········ 038
多肉植物和仙人掌有何不同？ ········ 039
何謂擁有透明葉窗的植物？ ········ 040
女性化的多肉植物有哪些種類？ ········ 041
為何塊根植物廣受歡迎？ ········ 042
將培育方法的模式分類 ········ 043

006

多肉植物圖鑑 ········· 045

天錦章屬	046	風車草屬	078
蓮花掌屬	048	風車草×擬石蓮花屬	079
龍舌蘭屬	050	十二卷屬	080
蘆薈屬	051	伽藍菜屬	086
回歡草屬	052	生石花屬	089
佛指草屬	052	瓦松屬	093
松塔掌屬	053	厚葉草屬	094
蝦鉗花屬	054	椒草屬	095
肉錐花屬	056	鳳卵草屬	096
銀波錦屬	059	馬齒莧屬	096
青鎖龍屬	061	佛甲草屬	097
仙女杯屬	066	長生草屬	102
硬葉鳳梨屬	066	黃菀屬	106
擬石蓮花屬	067	海葵角屬	107
大戟屬	074	塊根植物的成員	108
沙魚掌屬	077		

多肉植物的栽培 ········· 113

用土和肥料 ········· 114
栽植的方法 ········· 116
放置的場所和澆水 ········· 118
各種繁殖的方法 ········· 120
配合季節採行的管理方法 ········· 124

植物名索引 ········· 126

Chapter 1

多肉植物的配置

—— Arrangement of succulent plants ——

造型美麗的多肉植物,有很多易於栽培管理的種類,
它的特點就是可以享受各種配置的樂趣。
試著使用自己喜歡的盆器來種植可愛的多肉植物吧!

Arrange
01

將小型的多肉
種植在燒杯中

關於種類豐富的多肉植物，市面上販售的多數是小型植株。試著將這些小型植株簡單地種植在小型的燒杯中，然後排列在一起吧。使用好幾個形狀相同的盆器種植不同種類的多肉植物，例如十二卷屬、風車草×擬石蓮花屬和青鎖龍屬等，就更能襯托出多肉獨特可愛的姿態。漸漸地便會讓人想要收集各式各樣的種類來培育。如果使用的是沒有底孔的盆器，要注意避免給水過量。在種植之前，最好先加入少量的沸石等根腐病防止劑。

PLANTS

自前起依序為
十二卷屬 帝玉露
Haworthia obtusa
風車草×擬石蓮花屬 A Grim One
Graptoveria 'A Grim One'
青鎖龍屬 神刀
Crassula falcata

PLANTS

自前起依序為
十二卷屬 帝玉露
Haworthia obtusa
風車草 × 擬石蓮花屬 黛比
Graptoveria 'Debbi'
十二卷屬 小白鴿
Haworthia reinwardtii f. *Kaffirdriftensis*

Arrange
02

將個性不同的種類
組合在一起

如果要將好幾種多肉植物合植的話,重點在於要將生長環境相近,而且形狀或顏色不同的種類組合在一起。這裡是將植株高的美空鉾,搭配葉色很特別的風車草屬,以及有很多子株附著、往橫向生長的長生草屬。這是各種多肉的個性都能展現得很鮮明的合植盆栽。建議平時放置在日照良好的室外進行管理。

PLANTS

黃菀屬 美空鉾
Senecio antandroi
風車草屬 超武雄縞瓣
Graptopetalum pentandrum
長生草屬 Gazelle
Sempervivum 'Gazelle'

Arrange
03

利用簡單的合植盆栽
享受生長的樂趣

放在日照良好的窗邊進行管理的,是沙魚掌屬的雜交種和白姬之舞組合而成的合植盆栽。這是將橫向生長的類型和株莖縱向伸展的類型組合在一起。兩者皆是生命力強韌的品種,所以生長比較快速。請觀察它們的生長狀態,並在1～2年內至少換盆1次。

PLANTS

沙魚掌屬 雜交種
Gasteria hybrid
伽藍菜屬 白姬之舞
Kalanchoe marnieriana

Arrange
04

吊籃裡擠滿了
色彩繽紛的多肉植物

在吊掛用的鐵籃中混雜了不同顏色、色彩繽紛的品種，營造出多肉植物特有的有趣配置。使用椰子纖維製成的護土椰棕墊防止土壤流失，並且種入多種多肉植物。主角是伽藍菜屬的月兔耳。毛茸茸的葉子像兔子耳朵一樣，令人印象深刻。點綴在月兔耳植株底部的是紅葉的火祭、銀波錦屬的森聖塔和風車草×擬石蓮花屬的黛比。朝著籃框外面伸展的是椒草屬的綠谷。從春季到秋季這段期間，每週至少充分澆水1次，並且放在日照充足的場所進行管理。

PLANTS

伽藍菜屬 月兔耳
Kalanchoe tomentosa
風車草 × 擬石蓮花屬 黛比
Graptoveria 'Debbi'
佛甲草屬 黃麗
Sedum adolphi 'Golden Glow'
銀波錦屬 森聖塔
Cotyledon papillaris
青鎖龍屬 火祭
Crassula americana 'Flame'
椒草屬 綠谷
Peperomia 'Green Valley'

PLANTS

擬石蓮花屬 花司
Echeveria harmsii
青鎖龍屬 小天狗
Crassula nudicaulis var. herrei
回歡草屬 櫻吹雪
Anacampseros rufescens f. variegata

Arrange 05

利用白鐵容器
簡單地配置多肉植物

利用園藝店或雜貨店等處販售的白鐵容器,設計多肉的合植盆栽。就算不是當作花盆使用的容器,只要事先用電鑽或錐子等工具在底部鑽孔、用於排水,就很容易管理。在小型的白鐵水桶中,合種了擬石蓮花屬的花司、青鎖龍屬的小天狗和回歡草屬的櫻吹雪。記得要放置在日照充足的場所。

以肉錐花屬多肉
為主角的合植盆栽

Arrange 06

PLANTS

肉錐花屬 肉錐
Conophytum globosum
肉錐花屬 嵐山
Conophytum 'Arashiyama'
仙人棒屬 猿戀葦
Hatiora salicornioides

以肉錐花屬多肉植物為主題的小型合植盆栽,圓嘟嘟的形狀相當可愛。將用來盛裝小東西的白鐵容器,先以電鑽在底部鑽孔,然後在容器裡面栽種肉錐花屬的肉錐和嵐山,接著搭配姿態不同的仙人棒屬猿戀葦。肉錐花屬的多肉喜歡日照充足的場所,因為夏季處於休眠的狀態,所以培育時必須減少澆水。

這是原本用來放置盆栽的分格木箱,如果要直接栽種的話,最好先用電鑽在底部鑽孔再使用。

PLANTS

自右前起依序為

風車草×擬石蓮花屬 黛比
Graptoveria 'Debbi'
擬石蓮花屬 粉藍
Echeveria 'Powder Blue'
厚葉草屬 葉美人
Pachyphytum longifolium
擬石蓮花屬 魅惑之宵
Echeveria agavoides Corderoyi
擬石蓮花屬 花野薔薇
Echeveria 'Hana-no-Bara'
厚敦菊屬 紅寶石項鍊
Othonna capensis 'Ruby Necklace'
佛甲草屬 姬星美人
Sedum dasyphyllum
佛甲草屬 黃金苔蘚
Sedum acre 'aureum'
馬齒莧樹屬 雅樂之舞
Portulacaria afra var. *variegata*

Arrange 07 種植在木箱裡的可愛多肉集錦

這個配置是以葉片展開如蓮座狀的擬石蓮花屬和風車草×擬石蓮花屬為主,從上方俯瞰的話,可以欣賞到多肉植物的差異。將每個品種各以1株種在分格木箱中。擬石蓮花屬挑選的是粉藍、魅惑之宵和花野薔薇,風車草×擬石蓮花屬則是挑選黛比。除此之外,還採用了葉片圓鼓飽滿的厚葉草屬和蔓性的紅寶石項鍊增添變化。在小小的木箱裡,種植了葉色不同的佛甲草屬和馬齒莧樹屬。這可以說是能盡情欣賞多肉植物特性的集錦箱吧。平時將木箱放置在日照和通風良好的場所管理。

Arrange 08 簡單利用有趣造型的多肉盆栽

說起多肉植物最大的魅力,就是它與一般草本花卉不一樣的外形。希望能將多肉植物的造型有趣之處,活用在室內觀葉植物上。這裡分別將龍舌蘭屬的風雷神和 *Folotsia* 屬的 *grandiflorum* 單獨種植在銀色塗層的花盆中作為室內裝飾。使用葉片向四周展開的龍舌蘭屬和筆直向上生長的 *Folotsia* 屬構成有高低差的組合。各自的形狀宛如藝術品一般的多肉植物,非常適合搭配人工打造、給人冰涼氛圍的盆器。兩者都是夏季生長的類型。冬季最好放置在室內管理。

PLANTS

龍舌蘭屬 風雷神(右)
Agave potatorum 'Fuuraijin'
Folotsia 屬 *grandiflorum*(左)
Folotsia grandiflorum

Arrange
09

膨大的莖基
充滿魅力的塊根植物

被稱為Caudex的塊根植物具有木質化的粗大樹幹或塊莖，屬於多肉植物的一種。粗矮圓胖的形狀惹人憐愛，是近年來非常受歡迎的種類。這裡簡單種植了其中代表性的品種——流通量較多的沙漠玫瑰。為了露出粗大的莖基，請注意不要種得太深。由於沙漠玫瑰是夏季生長型，耐乾燥而且容易培育，所以推薦將它作為塊根植物的入門品種。此外，也以相同的方式種植了樹幹膨大的酒瓶蘭樹苗。這個種類也很容易栽培，從很久以前就是受大家喜愛的觀葉植物。

PLANTS

沙漠玫瑰屬 沙漠玫瑰（右）
Adenium obesum
酒瓶蘭屬 酒瓶蘭（左）
Beaucarnea recurvata

Arrange

10

培育成盆景風格的塊根植物

莖基膨大的塊根植物，在歐美地區又被稱為「BONSAI SUCCULENT（盆景多肉植物）」。這是因為以膨大的樹幹或莖基為主的樹形或植株姿態，整體都充滿魅力的緣故吧。試著利用塊根植物的形狀，培育成盆景的風格也樂趣十足。這裡是將紫背蘿摩和針葉虎眼萬年青單獨種植在白色的盆器中。用富士砂覆蓋在土壤的表面可以更加突顯出植株的基部。

PLANTS

Petopentia屬 紫背蘿摩（右）
Petopentia natalensis
虎眼萬年青屬 針葉虎眼萬年青（左）
Ornithogalum juncifolium

Arrange
11

可欣賞透明葉片的十二卷屬盆栽

在木製花盆裡種植了2種形狀不一樣的十二卷屬多肉。兩者都是葉子上部有「窗」的品種，給人帶有透明感的清新印象。十二卷屬多肉不喜歡強烈的陽光直射，所以適合放置在明亮的窗邊栽培。因為根部較粗，而且向下生長，所以重點是要選擇較深的盆器，以免根部受到擠壓。在春、秋兩季的生長期，土壤變乾的話要立刻給予大量的水分。

PLANTS

十二卷屬 曲水之宴　*Haworthia bolusii*（右）
竹節蓼屬 斑葉鈕扣藤　*Muehlenbeckia axillaris* var.（右）
十二卷屬 翡翠閃光　*Haworthia 'Emerald Flash'*（左）

Arrange
12

將小型的十二卷屬多肉擺成一排作為裝飾

十二卷屬擁有許多品種，是收藏價值很高的多肉植物。大致上可以區分為具有柔軟葉片的軟葉系和具有堅硬葉片的硬葉系。栽培方法基本上大致相同。這裡是在方形花盆中種植了軟葉系有窗的碧翠和帝玉露，以及硬葉系無窗的斑馬鷹爪。使用相同形狀的盆器擺放成一排來培育多肉植物，就可以欣賞到不同品種的差異，享受更多的樂趣。

PLANTS

十二卷屬 碧翠　*Haworthia parva*（右）
十二卷屬 帝玉露　*Haworthia obtusa*（中）
十二卷屬 斑馬鷹爪　*Haworthia reinwardtii* var. *zebrina*（右）

Arrange
13

將假扮成石頭的
石頭玉集合在一起

將形狀奇妙的石頭玉集合在一起的合植盆栽。一般認為，這種多肉植物在原生地為了避免強烈的陽光和被動物攝食，所以擬態成石頭的樣子。它擁有形形色色的品種，表面的顏色和窗的花紋等，變化其實非常豐富，極具收藏價值。因為是以自然生長的非洲大地為構想，所以在土壤表面鋪滿小顆的浮石，再配上漂流木。石頭玉是在秋季到春季這段期間生長的冬型種，在夏季時休眠。因為它特別喜歡陽光，所以要放在日照和通風良好的場所管理。

PLANTS

生石花屬 白花黃紫勳（右上）
Lithops lesliei 'Albinica'
生石花屬 大觀玉（左上）
Lithops salicola
生石花屬 紫勳（右下）
Lithops lesliei
生石花屬 日輪玉（中央）
Lithops aucampiae
生石花屬 招福玉（左下）
Lithops schwantesii

Arrange
14

利用插穗培育出
小型的窗邊合植盆栽

隨著多肉植物的生長,莖部的中間會長出側芽,或是由植株的基部長出子株。運用切下來的側芽或子株,就可以輕易地繁殖。這個合植盆栽是切取佛甲草屬的乙女心和虹之玉、厚葉草屬的群雀等的側芽,以及長生草屬的子株,製作成小型插穗之後配置而成。因為吊掛式盆器沒有底孔,所以要先用電鑽在底部鑽孔之後,再將插穗種在培養土中。順便提一下,切下插穗之後,要放置在陰涼處乾燥2週左右,待插穗長出小根之後再種植。

先用電鑽在盆器的底部鑽孔,以便排出水分。

PLANTS

厚葉草屬 群雀　*Pachyphytum hookeri*
風車草屬 秋麗　*Graptopetalum 'Syuurei'*
佛甲草屬 乙女心　*Sedum pachyphyllum*
佛甲草屬 虹之玉　*Sedum rubrotinctum*
長生草屬 Gazelle　*Sempervivum 'Gazelle'*

PLANTS

伽藍菜屬 黑兔耳
Kalanchoe tomentosa 'Kurotoji'
天錦章屬 松蟲
Adromischus hemisphaericus
黃菀屬 天使之淚
Senecio herreanus f.*variegata*
佛甲草屬 小球玫瑰
Sedum spurium 'Dragon's Blood'

Arrange
15

將顏色和姿態各異的種類組合在一起,種植在吊籃裡

將不同個性的多肉植物組合在一起,種植在網狀吊籃中。吊籃的內側要鋪上麻布以免土壤漏出來,在加入土壤之後,種入伽藍菜屬的黑兔耳、天錦章屬的松蟲和黃菀屬的天使之淚。接著,在吊籃的表面貼附經過乾燥的大灰蘚,營造出自然的氛圍。使用鑷子將佛甲草屬的小球玫瑰從側面插入大灰蘚中,種在土壤裡。這樣一來,令人萬分期待今後生長的配置就完成了。因為土壤很容易變乾,所以要頻繁地澆水。還要放置在日照充足的場所管理。

網狀吊籃。只要可以裝入土壤,任何類型的盆器都可以利用。

Arrange 16

聚集了佛甲草屬多肉的玻璃生態缸

佛甲草屬多肉家族的成員,小小的葉片十分密集,組成色彩鮮明的群落。這裡的玻璃生態缸是一點一點地切下不同的品種然後合植而成。在球狀玻璃容器當中形成一個小世界。將玻璃生態缸放置在日照充足的窗邊,在土壤完全乾燥時才澆水,澆到缸底不會積水的程度。如果莖部伸長了,最好修剪成適宜的高度。

PLANTS

佛甲草屬 大唐米
Sedum oryzifolium
佛甲草屬 小球玫瑰
Sedum spurium 'Dragon's Blood'
等

將仙人掌
合植在方形鐵籃中

Arrange
17

仙人掌也是廣義的多肉家族成員。在園藝界長久以來都深受喜愛，種類也很豐富。根據形狀的不同，可以分類成柱狀仙人掌、球狀仙人掌和團扇仙人掌等，收集不同形狀的仙人掌來培植也充滿樂趣。這裡是將不同氛圍的種類組合在一起，合植在方形的鐵籃裡。仙人掌一般來說生長緩慢，所以可以保持這個狀態供人長期欣賞，也是它的一大優點。仙人掌喜歡強烈的陽光，所以最好放置在陽光直射的場所，讓它蓬勃生長。

PLANTS
裸萼屬 牡丹玉（前方・左）
Gymnocalycium mihanovichii var. friedrichii
乳突球屬 黃金司（前方・右）
Mammillaria elongata
乳突球屬 銀手毬（後方・左）
Mammillaria gracilis
星鐘花屬 懸垂龍角（後方・右）
Huernia pendula

Arrange

18

橫向種植成一整排
形成富有變化的有趣配置

將數種多肉植物橫向種植在長方形花盆中。以葉片展開成蓮座狀的2種擬石蓮花屬為中心，搭配個性豐富的多肉。在種植之前，最好先試著將株苗排列在一起，檢視整體的平衡感。在這裡是將擬石蓮花屬配置在中央，然後將椒草屬、青鎖龍屬和苦參屬的觀葉植物配置在右側。左側則種植了天錦章屬、佛甲草屬×擬石蓮花屬、銀波錦屬。藉由將不同的種類橫向種植成一整排，就可以展現出各式各樣的世界觀。此外，利用有點高度、葉子也不太突出的苦參屬植物當作背景也是一大重點。放置在日照充足的場所管理，隨著它們各自生長，根部變得擁擠受到壓迫時再進行換盆。

PLANTS

自右起依序為
椒草屬 紅背椒草
Peperomia graveolens
青鎖龍屬 銀箭
Crassula mesembryanthemoides
苦參屬 童話樹
Sophora prostrata 'Little Baby'
擬石蓮花屬 卡羅拉
Echeveria colorata
擬石蓮花屬 紐倫堡珍珠
Echeveria 'Perle von Nürnberg'
天錦章屬 松蟲
Adromischus hemisphaericus
佛甲草屬×擬石蓮花屬 靜夜玉綴
Sedeveria 'Seiyatsuzuri'
銀波錦屬 熊童子
Cotyledon ladismithiensis

Chapter 2

多肉植物的基本知識

—— Basic knowledge of succulent plants ——

多肉植物家族擁有一般觀賞植物所沒有的奇異魅力。
多肉植物的姿態看得愈多，腦中就會冒出愈多的疑問。
來了解多肉植物的特性和類型等基本知識，享受栽培的樂趣吧。

多肉植物的基本知識

Basic knowledge
01

為何多肉植物耐得住乾燥?

　　多肉植物廣泛地分布在世界各地,但是有大部分的種類都是生長在乾燥的荒野或岩石地區等嚴酷的環境中。即使在這樣的環境中也能保持生長活力的多肉植物,最大的特徵就是能將水分儲存在肉質肥厚的莖部或葉片之中。在主要品種的原生地,當地的氣候有分雨季和乾季,多肉植物的構造會設法在雨季時盡可能地吸收水分,在乾季時則利用體內的水分度過乾燥時期。大部分多肉植物的表面都覆蓋著一層堅韌的保護膜,稱為角質層,藉此防止水分蒸發。而且,因為多肉植物白天會關閉氣孔,晚上會吸入二氧化碳,所以據說還具有極力減少白天水分蒸發的功能。

　　還有,為了藉由縮減株體的表面積來減少水分的蒸發,所以有許多的多肉植物都呈現圓形。除此之外,還可以發現有各種配合原生地環境的生長機制,例如有些多肉的葉子上覆有蠟狀膜,可以減少水分的蒸散;或是有些多肉的葉子上長有細毛,可以有效地收集霧氣的水滴。多肉植物的形狀如此豐富,可以說是為了適應嚴酷的自然環境所產生的多樣變化。

　　雖然多肉植物耐乾燥的能力很強,但是並非不需要澆水。相較於一般的觀賞植物,雖然澆水的頻率可以少點也沒關係,但是水澆得太少或太多都是不行的。此外,必須隨著季節,根據多肉的生長期或休眠期改變澆水的頻率。要特別留意,如果澆水的方式不正確,很可能會造成植株枯萎。

即使在荒涼的乾燥地帶也能蓬勃生長的多肉植物。它們具備將水分儲存在體內的機能。

Basic knowledge

02

多肉植物和仙人掌有何不同？

所謂的多肉植物，是可以將水分儲存在肉質肥厚的葉片和莖部的植物總稱。在中美洲和南美洲自然生長的仙人掌，也同樣具有將水分儲存在多肉化莖部的機能，屬於多肉植物家族的成員。不過，因為仙人掌長久以來作為園藝植物，已經有許多種類流通在市面上，所以一般會將仙人掌與其他的多肉植物分開處理。

仙人掌科的植物以有刺為一大特徵。一般認為，這是覆有綿毛以保衛株體免於外敵侵害的仙人掌，為了抵禦暑熱或寒冷進化而成的。

然而，單靠有刺與否並無法區分仙人掌和多肉植物。事實上，即使是仙人掌也有無刺的種類，其他的多肉植物也有帶刺的種類。

大戟屬的紅彩閣具有尖銳的刺。

龍舌蘭屬的風雷神，葉片外緣具有尖銳的刺。

由刺座長出長刺的仙人球屬仙人掌。

在刺退化之後只剩下刺座的有星屬仙人掌。

舉例來說，大戟屬的多肉植物中有些長刺的種類酷似仙人掌，而龍舌蘭屬和蘆薈屬的多肉植物中也可以發現葉片周圍帶刺的種類。另一方面，有一些仙人掌即使沒有刺也包含在仙人掌科中，就像仙人掌科有星屬的兜和鸞鳳玉一樣。

區分的重點就在於，刺的基部是否有稱為「刺座」的細小綿毛。仙人掌科的植株上長有刺座，所以大致上可以根據有無刺座來區分究竟是仙人掌還是其他的多肉植物。

多肉植物的基本知識

Basic knowledge

03

何謂擁有透明葉窗的植物？

在多肉植物當中以高人氣著稱的是十二卷屬的帝玉露。這種原產於南非的植物，密集生長著肉質肥厚的圓形葉子。主要特徵是葉子的上部會變成透明的，所以如果逆著光觀看的話，看起來就像是綠色的寶石。這個透明的部分稱為「窗」。除此之外，十二卷屬的軟葉系品種當中有許多種類都具有窗，有時會根據窗的大小和透明程度劃分等級。

那麼，為什麼它們會擁有像水晶一樣美麗的窗呢？如果先了解其自然生長的環境，就可以理解了。它們在原生地，葉片的下半部都是埋在土壤中，所以需要透過透明的窗引進充足的光線。引進的光線會利用葉子基部的葉綠素進行光合作用。此外，因為周圍雜草叢生，所以它們會伸出長長的花莖，在花莖的前端開出花朵，這也是它們的一大特色。

具有窗的十二卷屬多肉植物。
有各種不同的品種，也可以享受收藏的樂趣。

因為它們生長在不太照得到光線的地方，所以即使在微弱的光線下也能栽培，這一點頗具吸引力。大多數的多肉植物都喜歡強烈的光線，但是軟葉系的十二卷屬多肉植物只要在透過蕾絲窗簾照進來的光線下就能培育得很好。相反的，它們不喜歡強烈的陽光，如果受到陽光直射，葉子會發黑。市面上有各種不同類型的十二卷屬多肉植物，所以也可以盡情享受收藏的樂趣。

逆著光觀看時，葉子非常美麗的十二卷屬帝玉露。

Basic knowledge

04

女性化的多肉植物有哪些種類？

不只是動物，植物也會為了生存下去而不斷進化。其中，有些多肉植物進化成宛如石頭一般的奇妙形狀，那就是稱為球形女仙的多肉植物，代表性的有生石花屬、肉錐花屬和鳳卵草屬等。順帶一提，女仙是日文「メセン」的日文漢字，而這是因為相對於仙人掌長滿了刺，代表男性化，女仙則是在光滑的表面上顯現花紋，以其具有女性化的特質來命名，意思是「像女性化仙人掌一樣的植物」。

球形女仙埋在地面，長成像石頭一般的形狀，一般認為是為了躲避強烈的陽光照射，並保護自己免於動物攝食，所以擬態成石頭的樣子。此外，生石花屬的多肉植物頂部有透明的窗，上面有美麗的花紋可作為偽裝，因此也被稱為「活的寶石」。

大多數的球形女仙只有一對葉子和短莖，光是負擔儲存水分之職的葉子就占了個體的絕大部分。在吸收老葉的養分、形成新的葉子之後，就會完全「脫皮」。真的是一種充滿魅力的植物，不可思議的生態十分有趣。

以小小的球形為特徵的肉錐花屬。

這是番杏科寶錠草屬的無比玉。

以埋進地面的方式生長的生石花屬。

女仙有許多種類會開出漂亮的花。

形成新的葉子之後就會進行脫皮。這時有可能會增加植株。

多肉植物的基本知識

Basic knowledge

05

為何塊根植物廣受歡迎？

塊根植物是近年來人氣日益高漲的植物。塊根植物又稱為Caudex，特別用以指稱帶有粗矮圓胖形狀的多肉植物。其主要的原產地是非洲大陸和中東地區，由於自然生長在乾燥地帶，為了順應嚴酷的環境，所以具有粗壯的莖幹以便維持水分。順便提一下，在馬達加斯加島自然生長的猢猻木，以奇特的形狀而聞名，也是屬於塊根植物的一種。

因為原生地的環境與日本大不相同，所以培育時需要一點訣竅，而這也可以說是塊根植物的魅力所在。此外，生長緩慢也是其特點之一。在親自照料多年之後，看著植株一點一點地長大，會令人感受到難以言喻的喜悅。而且如果花費數年的時間好好培育下去，也有可能會開花。當突然冒出花芽，然後綻放出色彩鮮豔的花朵時，格外地令人感動。除此之外，塊根植物還具有稀少性這個附加價值，這也成為大家想要收藏它們的要素。

代表性的塊根植物包含沙漠玫瑰屬、棒槌樹屬、大戟屬、葫蘆屬、葡萄甕屬、龍骨葵屬、福桂樹屬等。

有很多類型在冬季會進入休眠，天氣一變冷葉子就會掉落。冬季期間要拿進室內培育。

莖幹粗壯肥大的沙漠玫瑰。在塊根植物當中是流通量較大且容易種植的品種。

Basic knowledge

06

將培育方法的模式分類

　　一般來說多肉植物大多數都自然生長在乾燥地區，但其實多肉植物也廣泛分布在世界各地，原產地未必僅限於高溫的熱帶地區，在下雪的高山地區和寒冷地區也有多肉植物自然生長。尤其是南非和馬達加斯加島等地，更被視為園藝用多肉植物的寶庫。

　　因為多肉植物生長在各式各樣的環境中，具有多樣的特性，所以最好劃分其生長模式，作為培育方法的標準。這裡將多肉植物分類成春秋型、夏型和冬型這3種類型，配合各個類型的特性去培育，會更容易栽培。

春秋型……避開酷熱和寒冷，在春季和秋季生長的類型。

夏型……在春季到秋季這段期間生長，並在冬季休眠的類型。多數的多肉植物都屬於這個模式，在初春到初夏這段期間開花。

冬型……在秋季到冬季這段期間生長，並在夏季暫停生長的多肉植物。原產於南非的種類主要屬於這個類型，多數在秋季開花。

　　只要遵照這個生長模式去培育多肉植物，就能培育出狀態良好的植株，並且保持下去。

春秋型

十二卷屬 　　　　擬石蓮花屬

夏型

銀波錦屬 　　　　大戟屬

冬型

生石花屬 　　　　長生草屬

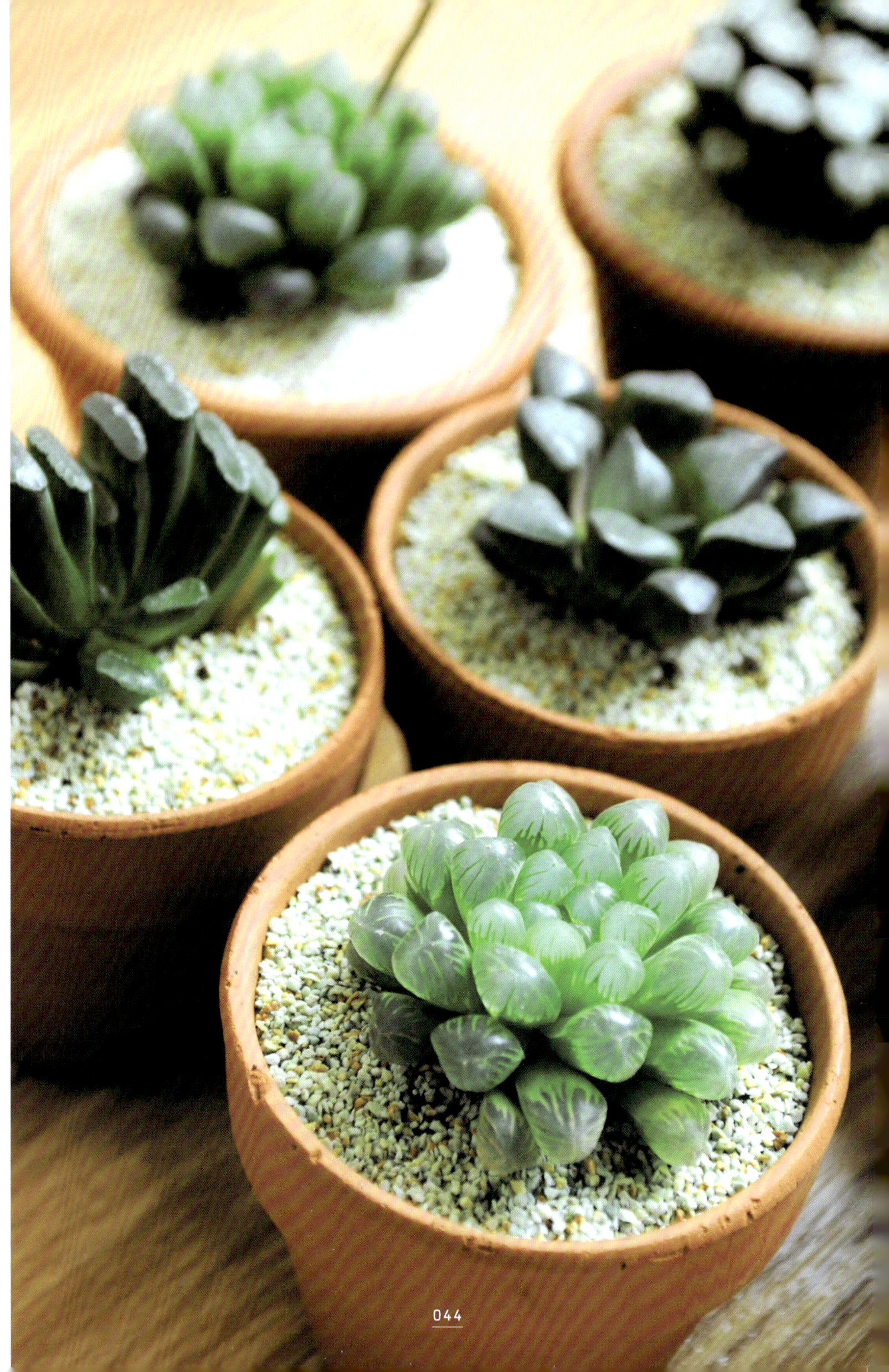

【圖鑑頁面的閱讀方式】
按照多肉植物的屬名分類,並且按照英文字母順序刊列。除了品種名或流通名之外,如果先將多肉植物的屬名也記起來,栽培就會更容易。對於附有照片的各個品種,會將流通名(或品種名)和學名並列,並且介紹各個品種的特徵。

Chapter

3

多肉植物圖鑑

— Succulent plants catalog —

全世界存在著種類繁多的多肉植物,數也數不盡。
這些植物的魅力在於為了順應嚴酷的自然環境而不斷變化,
所表現出的多樣造型和色彩等。
如果找到自己喜歡的種類,請先了解它的特徵之後再細心培育吧。

天錦章屬
Adromischus

DATA
科　名　景天科　原產地　南非
生長類型　春秋型

　　奇妙的造型和獨特的斑紋充滿魅力。品種也很豐富，具有很高的收藏價值。斑紋的樣子和顏色會隨著栽培環境而改變。

　　如果可以放在日照充足、通風良好的場所管理，會比較容易栽培。生長期在春季和秋季，夏季時會進入休眠。雖然也有比較耐寒的品種，但是需要特別注意避免夏季的陽光直射。盛夏時需要20～30%的遮光，如果在室內的話，要放置在半日照處栽培，例如陽光透過蕾絲窗簾照入的窗邊等處。夏季還要減少澆水。利用扦插法或葉插法可以輕鬆繁殖。建議選在初秋時期進行繁殖，換盆的最佳時期也是初秋。

錦鈴殿
Adromischus cooperi

特徵是肥厚飽滿的葉片和波浪狀的葉尖，以及帶有紅色的斑點。也有植株矮小、葉片呈圓形的不倒翁型等品種。

天章
Adromischus cristatu

具有亮綠色的葉片，葉面沒有斑紋，葉尖呈波浪狀。隨著植株的生長，莖部會長出細小的氣根。

絲莖天章
Adromischus filicaulis

葉尖尖銳的筒狀葉上帶有紅棕色斑紋的天錦章屬多肉植物。有些品種的葉色是銀色或綠色。

香雲天章
Adromischus marianae

這個品種帶有美麗的紅色斑紋。斑紋的樣子和顏色有個體的差異，也會因栽培環境而有所不同。

朱唇石
Adromischus herrei

這個品種的特徵是葉子的形狀長得很像凹凸不平的苦瓜。掉落的葉子可以用於葉插法繁殖。

松蟲
Adromischus hemisphaericus

莖的下部呈塊根狀，上面長出許多肥厚飽滿的圓形葉子。綠色的葉子上會出現獨特的斑紋。

御所錦
Adromischus maculatus

特徵是比較薄的圓形葉子上有著很漂亮的深色斑紋。花紋細緻、顏色深濃的類型很受歡迎。

蓮花掌屬
Aeonium

DATA
科　名 景天科　**原產地** 加納利群島、非洲北部等地　**生長類型** 冬型

以枝條頂端有蓮座狀的葉片密集重疊為特徵的多肉植物。葉子的顏色或形狀會因品種不同而有所差異。大多數具有木質化的莖部，可以培育成大型植株。

蓮花掌屬的生長期是從秋季到春季的冬型，在日照充足的場所可以生長得很好。不過，它不喜歡極端的高溫多濕或低溫。夏季要放置在通風良好的陰涼處，冬季則是放置在日照充足的窗邊管理。夏季要減少澆水。如果冬季日照不足，就會造成徒長，情況惡化的話，葉子可能會生長得不夠緊湊而使外形變得散亂。徒長的植株最好利用扦插法為它改造。

黑法師
Aeonium arboreum 'Atropurpureum'

帶有光澤的黑色葉子很受歡迎。長成大型植株之後，會在春季開出黃色的花。要放置在日照充足的陰涼處管理。

豔日傘
Aeonium arboreum 'Variegata'

這個品種淡淡的葉色相當有魅力，所有葉子全都覆蓋著淺黃色的斑紋。如果斑紋的部分變多生長就會變得緩慢。

曝日
Aeonium urbicum 'Variegatum'

在綠色中清楚顯現鮮黃色斑紋的大型種。在春、秋兩季的生長期，當葉子轉為紅葉時會變得更加美麗。

明鏡
Aeonium tabuliforme

這個形狀很稀有的品種,有許多帶有細毛的葉子層層交疊,像圓盤一樣擴展開來。隨著生長,直徑可達30㎝。

山地玫瑰
Aeonium aureum

具有淺綠色葉子的小型蓮花掌屬多肉植物。因為不喜歡夏季的陽光和炎熱,所以要放置在陰涼處管理。

翡翠球
Aeonium dodrantale

這是一種長得略有不同的蓮花掌屬多肉植物,在枝條頂端有許多小葉子。利用扦插法也很容易繁殖。

葡萄法師
Aeonium saundersii

在枝條頂端有蓮座狀的葉子。枝條呈現細細的分岔,隨著生長,在木質化之後會長出氣根。

龍舌蘭屬
Agave

DATA
科　名 天門冬科
原產地 美國南部、中美洲　**生長類型** 夏型

以作為龍舌蘭酒的材料而聞名，在葉子頂端具有尖銳的刺，可以欣賞到各種不同的獨特外形和斑紋。

具有優越的耐寒性、耐熱性，生命力強韌，相當容易栽培。喜歡日照充足的場所，最好減少澆水，在略微乾燥的環境中培育。龍舌蘭屬的生長期是從春季到秋季的夏型。夏季在用土乾燥之後要大量澆水，冬季以每個月澆水1次左右為佳。春季會長出子株，所以可以利用分株法繁殖。此外，龍舌蘭屬以根部長得很長為特徵，要小心形成盤根的現象。最好在春季換盆時修整老根，讓新根生長。

姬笹之雪
Agave victoriae-reginae 'Compacta'

特徵是硬質葉子的尖端有尖刺，而且帶有白色線狀紋路。線狀紋路的樣子和顏色濃淡會因個體而有所不同。

五色萬代
Agave lophantha 'variegata'

綠色部分和斑紋部分有明顯區隔的美麗品種。另一個特徵是葉子邊緣長有紅色的刺。

姬亂雪
Agave parviflora

以葉子長出白色線狀的刺為特徵的龍舌蘭屬。葉子的白色條紋和白色線狀的刺，會隨著生長而發生變化。

蘆薈屬
Aloe

DATA
- 科　　名　阿福花科　　原產地　南非
- 生長類型　夏型

　　蘆薈屬的葉子肥厚，飽含大量的水分，呈蓮座狀擴展開來。品種也很豐富，從小型種到大型種什麼都有。蘆薈屬耐熱又耐寒，是可以推薦給園藝新手的多肉植物。

　　如果全年都放在日照充足的場所培育，植株會變得很強健，耐寒性也會增強。如果日照不足的話，莖部就會變得虛弱，葉子會由下往上開始枯萎。雖然有點不喜歡寒冷，但是適應力很高，一旦適應了即使冬季也能在室外栽培。耐得住乾燥，水分稍微不足也不會枯死。從春季到秋季當土壤的表面變乾時要大量澆水。冬季幾乎不澆水也沒關係。利用分株法或扦插法進行繁殖。

綾錦
Aloe aristata

漂亮的放射狀葉片，魅力十足。蓮座的直徑約15cm左右，葉片薄，而且有一面長有白色小刺。

大宮人
Aloe greatheadii

原產於非洲西南部的稀有品種。以帶有白色斑點的三角形葉子為特徵的蘆薈屬。耐寒性強，也可以在室外栽培。

白狐
Aloe rauhii var. 'White Fox'

美麗的小型蘆薈屬，葉片上面有無數白斑。春季到秋季要在室外日照充足的場所培育，冬季則在明亮的室內管理。

回歡草屬
Anacampseros

DATA
科　名 回歡草科　**原產地** 南非
生長類型 春秋型

　　回歡草屬以櫻吹雪和吹雪之松等品種而聞名。這種回歡草科的多肉植物多數為小型種，以生長緩慢為特徵。雖然比較耐得住寒冷和炎熱，但是不喜歡夏季的多濕，所以栽培的重點在於夏季要特別保持良好的通風。在春季和秋季，培育時要確認土壤乾了之後再大量澆水。在嚴冬和盛夏時要減少澆水。澆水過多的話，植株很容易徒長。

吹雪之松錦
Anacampseros rufescens f. variegata

粉紅色和黃色鮮豔的漸層色調非常美麗的品種。葉子之間會長出絨毛也是一大特徵。

佛指草屬
Argyroderma

DATA
科　名 番杏科　**原產地** 南非
生長類型 冬型

　　在南非的開普省已知有50種左右的佛指草屬植物，它們是「女仙」的成員，具有從球形到圓筒狀各種不同的硬質葉子。屬名 *Argyroderma* 的意思是「銀白色的葉子」。質地光滑的葉子兩兩成對交互生長，如果生長狀態良好的話，會形成群生。生長期為秋季到冬季。應放置在日照充足的場所培育，土壤乾了後再澆水。如果處於多濕的環境，葉子會出現網狀的裂紋，所以要特別注意。夏季最好移到陰涼的場所並停止澆水。

金鈴
Argyroderma delaetii

以光滑的青瓷色硬質葉子為特徵。在春季和秋季會開出黃色的花。

松塔掌屬
Astroloba

DATA
科　名 阿蘆薈科　**原產地** 南非
生長類型 春秋型

松塔掌屬是自然生長於南非地區的多肉植物，有15種左右。與十二卷屬的硬葉系族群很類似，特徵是全都呈現出小塔狀的形態。有時會被歸類為十二卷屬。

生長期是春季和秋季，在盛夏和冬季的休眠期要盡量減少澆水。與十二卷屬一樣，栽培的重點在於全年都要避開直射的強烈陽光。一旦在直射的陽光下曝曬，葉子會因灼傷而變黑，因此要特別注意。此外，夏季最好放置在通風良好的場所管理。隨著生長，在植株的基部會長出子株，所以可以利用分株法以子株來繁殖。

bicarinata
Astroloba bicarinata

葉尖很尖銳的硬質葉片呈深綠色。隨著生長，三角形的葉子會交疊成好幾層。

聚葉塔
Astroloba congesta

長出許多三角形的葉子，延伸成柱狀。非常耐得住乾燥，所以要減少澆水。

白亞塔
Astroloba hallii

長久以來經常被栽培的松塔掌屬稀有品種。以淡淡的葉色和獨特的褐色斑紋為特徵。

蝦蚶花屬
Cheiridopsis

DATA
| 科　名 | 番杏科 | 原產地 | 南非等地 |
| 生長類型 | 冬型 |

　　蝦蚶花屬是飽含大量水分、肉質非常肥厚的「女仙」成員。「女仙」是番杏科當中為了觀賞用途所栽培的多肉植物通稱。相對於被視為具有男性特質的帶刺仙人掌，這類帶有水嫩女性特質的多肉植物，被賦予了「女仙」之名。

　　蝦蚶花屬已知有100種左右，具有半圓形或細長圓筒形的葉子。生長類型屬於從秋季到春季的冬型，基本上從進入梅雨季開始到8月這段期間要停止澆水，夏季則需避免陽光直射。此外，因蝦蚶花屬不喜歡多濕的環境，所以要注意通風。初秋時節，脫皮之後會展開新葉。

神風玉
Cheiridopsis pillansii

肉質肥厚的淺綠色葉子惹人憐愛。冬季會開花。栽培上有點難度，即使在夏季也必須少量澆水。

brownii
Cheiridopsis brownii

從植株的基部一分為二，展開肉質肥厚的葉子。在脫皮期間要減少澆水，並且放置在陰涼處管理。

翔鳳
Cheiridopsis peculiaris

具有大片的葉子，就像張開的翅膀一樣。從秋季到冬季會伸出花莖，開出檸檬黃的花。

響
Cheiridopsis carinata

這種蝦鉗花屬的植物具有帶點白色、略微細長的葉子。花是白色的。在室內栽培的話,管理時要注意通風。

逆鋒
Cheiridopsis cigarettifera

具有細長的灰藍色葉子的品種。花是黃色的。蝦鉗花屬的長葉品種,比起半圓形的品種更容易栽培。

turbinata
Cheiridopsis turbinata

葉子細長、頂端尖銳的類型。長葉類型的品種生命力比較強韌,生長速度也有較快的傾向。

慈晃錦
Cheiridopsis candidissima

這是長葉類型的品種,如果培育的狀態良好,就會長出許多子株。如果讓子株長成大型植株,也可以進行分株。

肉錐花屬
Conophytum

DATA
科　　名 番杏科　**原產地** 南非
生長類型 冬型

這是「女仙」的代表性多肉植物，品種也很豐富。各式各樣的葉子形態和顏色以及鮮豔的花朵可說是它的魅力所在。葉子的形態可以分成圓形、足袋形、陀螺形、馬鞍形等等。

生長期是從秋季到春季。夏季處於休眠狀態，初秋脫皮之後分球。大約從5月起葉子會變得鬆軟，開始準備脫皮。在生長期要放置在日照充足的場所管理，每1～2週大量澆水1次。在休眠期要移至通風良好、光線明亮的陰涼處。從初夏開始要逐漸減少澆水次數，在夏季期間停止澆水。換盆要在初秋時進行。

寂光
Conophytum frutescens

足袋形的肉錐花屬多肉植物，是會在初夏開出橙色花朵的早開品種。生長期要在稍微乾燥的環境中培育。

圓空
Conophytum marnierianum

小型的足袋形肉錐花屬，屬於略微細長的類型。也被視為雜交種，是生命力比較強韌且易於栽培的品種。

青春玉
Conophytum odoratum

有點渾圓的姿態相當可愛。整體呈灰綠色，表面有斑點花紋。花朵是粉紅色的，會在夜間綻放。

ovipressum
Conophytum ovipressum

以小小的球形為特徵的品種，隨著生長會從側面長出許多葉子，形成群生。

小槌
Conophytum wettsteinii

圓圓的、頂部平坦的陀螺形。球徑為 2～4 cm左右。這是晝開型的品種，會開出淺紫色的大花。

墨小錐
Conophytum wittebergense

這是小型的陀螺形肉錐花屬多肉植物，葉子頂部有複雜的深紫色紋路。花是淺黃色的，於晚秋綻放。

大納言
Conophytum pauxillum

葉子的頂面有點凹陷，整體呈紫紅色的品種。夜間會綻放白色的花朵。

勳章玉
Conophytum pellucidum

小型的馬鞍形品種，褐色的表面帶點紫色。分開成兩葉的頂部是平坦的，是具有深色葉窗的罕見類型。

毛風鈴
Conophytum devium ssp. *stiriiferum*

以一分為二的頂面形成透明葉窗為特徵。本種的窗，質感就像有冰粒附著在上面一樣。

布朗尼銅壺
Conophytum ectypum var. *brownii*

這是小型的肉錐花屬多肉植物，隨著生長，圓筒形的頂面會變成紅褐色。花是白色和粉紅色。

christiansenianum
Conophytum christiansenianum

這是會長出較大片葉子的足袋形肉錐花屬多肉植物。水嫩柔軟的質感充滿魅力。花是黃色的，於秋季綻放。

銀波錦屬
Cotyledon

DATA
科　名 景天科　**原產地** 南非
生長類型 夏型、春秋型

　　銀波錦屬肉質肥厚的葉子富有獨特的變化，有的帶有白粉，有的長著絨毛，有的具有光澤感。多數會像樹木一樣生長，莖部會木質化。

　　生長期是從春季到秋季。喜歡日照充足、通風良好的場所，但是盛夏時要避開陽光直射，放置在半日照處管理。如果要培育出強健的植株，建議在室外栽培。冬季是休眠期，要減少澆水。白粉葉的類型請注意不要將水直接澆淋在葉子上。不適合以葉插法繁殖，最好在初春時節進行扦插法。當植株整體的形態失去平衡時，要進行修剪，利用剪下的枝條作為插穗。

熊童子
Cotyledon ladismithiensis

以如同熊掌般肉質肥厚的葉子為特徵。不喜歡高溫多濕的環境，所以夏季管理時要特別注意。

子貓之爪
Cotyledon ladismithiensis cv.

與「熊童子」屬於同類，形狀也相似，但是頂端的突起較少，葉子也較細長。盛夏和冬季要減少澆水。

嫁入娘
Cotyledon orbiculata cv.

有白粉附著在葉子的表面，以看起來略顯白色的葉子為特徵。葉子的頂端有紅色的鑲邊。

森聖塔
Cotyledon papillaris

帶有光澤的橢圓形葉子,頂端有鮮紅色的鑲邊。如果形成群生的話,春季會開出許多紅花。

銀波錦
Cotyledon undulata

如同皺褶一般呈波浪狀的扇形葉子非常美麗。葉子的表面覆有白粉。要盡量避免將水澆淋在葉子上面。

福娘
Cotyledon orbiculata var. *oophylla*

具有覆蓋著白粉的紡錘形葉子和鮮紅色葉緣的品種。夏季到秋季會伸長花莖,開出許多花。

銀之鈴
Cotyledon pendens

以細長的圓葉為特徵的銀波錦屬。夏季要避免陽光直射,最好放置在陰涼的場所培育。

青鎖龍屬
Crassula

DATA
- 科　名　景天科
- 原產地　非洲南部～東部
- 生長類型　夏型、冬型、春秋型

　　這種多肉植物可以欣賞到變化豐富的形態，並且擁有多樣的品種。青鎖龍屬的生長期會因品種而異，必須要特別注意。有夏型種、冬型種，還有春秋型種。

　　基本上，青鎖龍屬喜歡日照充足、通風良好的場所。尤其是夏季處於休眠狀態的冬型種和春秋型種，不喜歡高溫多濕的環境。栽培的重點在於避免陽光直射，要放置在明亮的陰涼處，保持良好的通風，幫助它們度過夏天。雖然夏型種放置在屋外淋雨也沒關係，但是葉子上覆有白粉的品種，如果淋到雨可能會變髒或是腐爛，所以澆水時也要注意，盡量避免將水澆淋在葉子上面。

星乙女
Crassula perforata

三角形葉子兩兩對生，看起來像星形一樣。屬於春秋型，在冬季的乾燥期會變成紅色。要注意夏季的多濕。

南十字星
Crassula perforata var. *variegata*

較小的三角形葉子彷彿相連在一起縱向生長。若想要形成群生的話，最好利用扦插法繁殖。

火祭
Crassula americana 'Flame'

尖端染成紅色的葉子，看起來就像火焰一樣，當氣溫下降的時候，葉子的紅色會一下子變得更明顯。

紅花月
Crassula portulacea 'Benikagetsu'

這是以「翡翠木」改良而成的園藝品種。特徵是葉子呈現深紅色。是在春季到秋季期間生長的夏型種。

舞乙女
Crassula mernieriana

形態與「星乙女」相似，但是葉子較小，頂端較圓且肉質肥厚。春秋型。夏季管理時要避免淋雨。

巴
Crassula hemisphaerica

植株的高度長得不太高的蓮座型。直徑4～5cm的小型種，屬於生長期從秋季到春季的冬型。

呂千繪
Crassula 'Morgan's Beauty'

白綠色葉子層層交疊的獨特姿態充滿魅力。春秋型。下部的葉子容易腐爛，所以要避免淋雨。

神刀
Crassula falcata

生長時會左右交互長出刀形的葉子。因為耐寒性低,所以冬季最好放置在日照充足的室內培育。

象牙塔
Crassula 'Ivory Pagoda'

覆蓋著白色絨毛的葉子以層層交疊的方式生長。不耐炎熱和悶熱,所以夏季要保持良好的通風。

方塔
Crassula 'Kimnachii'

神刀和綠塔的雜交種。三角形葉子層層交疊密集地往上生長,造就獨特的形狀。生長期在春季到秋季。

蔓蓮華
Crassula orbiculata

呈蓮座狀的葉子葉色鮮明,令人印象深刻。從植株的基部伸出許多匍匐莖,由此長出子株的類型。

克拉夫
Crassula clavata

原產於南非的小型種,特徵是肉質肥厚的紅葉。日照不足時會變成綠色。處於冬季的寒冷中顏色會更漂亮。

紅稚兒
Crassula radicans

木質化的小型種,生長期在春季到秋季的夏型種。有點圓潤的小型葉子,入秋之後會變成鮮紅色。

天堂心
Crassula cordata

密集生長著淺綠色圓形葉子的青鎖龍屬。生長期屬於春秋型,比較強健。春季會開出小花。

宇宙之木
Crassula portulacea 'Golum'

這是「翡翠木」的變異品種,獨特的葉子形狀深具魅力。屬於夏型種,冬季最好拿進室內。

銀箭
Crassula mesembryanthemoides

呈鮮綠色的小葉子狀似香蕉，葉子上面長著白色的細毛。因生命力強韌，所以容易栽培。

若綠
Crassula lycopodioides var. *pseudolycopodioide*

細小的葉子如細繩般層層交疊的夏型種。日照不足時會徒長。春季到夏季期間摘除莖梢嫩芽就會長出側芽。

錦乙女
Crassula sarmentosa

綠色的葉子上面有黃色的斑紋。葉子的邊緣有著細小的缺口，秋季轉紅時會染成淡淡的粉紅色。

桃源鄉
Crassula tetragona

具有細長的葉子，會木質化的夏型種。生命力強韌，容易培育，但是要注意日照不足時容易徒長。

仙女杯屬
Dudleya

DATA
| 科　名 | 景天科 | 原產地 | 中美洲 |
| 生長類型 | 冬型 |

　　仙女杯屬的葉子呈蓮座狀，多數都覆蓋著白粉，具有霧面的質感。有40種左右的仙女杯屬在下加利福尼亞半島到墨西哥這一帶生長。因為原生地位於極度乾燥的地帶，所以不喜歡多濕的環境。要盡量保持良好的通風，避免造成潮濕的環境。冬季時要注意避免受到霜凍，如果降霜了，要採取防寒對策，例如將花盆拿進室內等。繁殖的方式一般都是在生長期利用分株法繁殖。

拇指仙女杯
Dudleya pachyphytum

肉質肥厚的葉子上面覆蓋著白粉的中型種。避免讓雨水等淋在葉子上面，放在日照充足的場所培育。

硬葉鳳梨屬
Dyckia

DATA
| 科　名 | 鳳梨科 | 原產地 | 巴西 |
| 生長類型 | 夏型 |

　　這種植物自然生長在南美洲乾燥的山岳地帶，帶有細刺的尖銳葉子呈放射狀生長。由於具有獨特的葉色或形態，所以也擁有許多忠實的粉絲。硬葉鳳梨屬本來是在乾燥、陽光強烈的地方自然生長，它具有非常強的耐熱性，即使在酷熱的環境中培育也毫無問題。此外它的耐寒性也很高，如果不澆水，放置在稍微乾燥的場所管理，可以耐得住0℃左右的低溫。一整年都要注意避免日照不足。

龍鱗沙漠鳳梨
Dyckia marnier-lapostollei

覆有白粉的葉子非常美麗，相當受歡迎。照片中是鋸葉很長且鱗片很多的類型。在盛夏的強光下葉子也不會灼傷。

擬石蓮花屬
Echeveria

DATA
科　　名 景天科
原產地 中美洲　**生長類型** 春秋型

　　美麗的蓮座狀葉子會讓人聯想到玫瑰花的族群。有100多種的原種,主要分布在墨西哥,市面上也有許多改良的品種。有各種不同的尺寸,從直徑3cm左右的小型種,到長達30cm的大型種都有,葉子的顏色也富有變化,有綠色、紅色、黑色、白色和藍色系等。

　　生長期是春季和秋季。根據品種原本的生長環境,有些類型不喜歡夏季的高溫,相反的,有些類型則不耐冬季的低溫,但在適當的環境中,可以生長成葉片緊湊、形態良好的植株。換盆最好於每年初春進行。可以利用葉插法或扦插法輕易地繁殖。

雪蓮
Echeveria laui

肥厚的圓形葉子覆蓋著純白的粉,呈現淺藍色。因為不耐熱,所以夏季要放置在半日照且通風良好的場所。

養老
Echeveria peacokii

藍綠色的葉子覆蓋著白粉,葉子的尖端染成粉紅色的中型種。初夏時會開出頂端是黃色的朱紅色花朵。

吉娃娃
Echeveria chihuahuaensis

蓮座直徑約10cm的中型種。肉質肥厚的黃綠色葉子帶有白粉,葉尖呈淡淡的粉紅色。花是橙色的。

厚葉月影
Echeveria elegans var. *albicans*

直徑5cm左右的擬石蓮花屬。密集生長著許多肉厚且較小的葉子。相較其他品種，最好在稍微乾燥的環境培育。

凱特
Echeveria cante

又被稱為「擬石蓮花屬女王」的品種。隨著生長，蓮座的直徑可達30cm的大型種。

魅惑之宵
Echeveria agavoides 'Corderoyi'

這是「口紅」的變種，以葉尖很尖銳的葉子和紅色的葉緣為特徵。隨著生長直徑可達30cm左右。耐寒性很高。

古紫
Echeveria affinis

以深紅紫色的葉子為特徵的擬石蓮花屬。如果日照不足的話，葉色會變淡。會開出深紅色的花。

靜夜
Echeveria derenbergii

葉子很緊湊的小型種,直徑約4～5cm。葉子呈藍綠色,略帶白粉。夏季要注意避免悶熱。

麗娜蓮
Echeveria lilacina

以帶點白粉的寬大葉子為特徵的品種,蓮座的直徑可生長到20cm。要注意避免將水澆淋到葉子上面。

姬蓮
Echeveria minima

蓮座藍綠色的葉子相當整齊,聚集在一起形成群生的類型,是直徑約5cm的最小品種。

花麗
Echeveria pulidonis

肉質肥厚的葉子有紅色鑲邊的小型種,直徑約10cm。一整年都要放置在日照充足的場所管理。

藍寶石
Echeveria subcorymbosa

具有漂亮白色表面的擬石蓮花屬。從植株的基底長出許多子株，形成形狀良好的群生株。

沙博姬
Echeveria subrigida

葉子帶有白粉，葉緣染成紅色的大型種。用一般的葉插法很難繁殖，但是可以利用花莖上的小葉或種子繁殖。

綠爪
Echeveria cuspidata var. *zaragozae*

具有肉質肥厚的葉子，小型種，葉子有短型也有稍微細長型的。以葉尖部分的顏色為特徵。

祇園之舞
Echeveria shaviana

葉子全都染上淺紫色的擬石蓮花屬。葉子的表面帶有白粉，頂端略呈波浪狀。花是淺粉紅色。

玉蝶
Echeveria runyonii

寬大的葉子上覆蓋著大量白粉，十分美麗的品種。蓮座的直徑約10㎝。初夏會開出深橙色的花。

特葉玉蝶
Echeveria runyoni 'Topsy Turvy'

「玉蝶」的突變種，長出許多略微扭曲的白綠色葉子，十分美麗。往內凹折的溝葉形狀獨特。

大和錦
Echeveria purpusorum

三角形葉子層層交疊生長，呈現漂亮的蓮座狀。葉子的背面有紅紫色斑點，是很受歡迎的品種。

銀明色
Echeveria carnicolor

葉子的顏色由黃綠色至淺紅色，帶有白粉，蓮座的直徑約8㎝。花是由粉紅色至淺橙色。

錦司晃
Echeveria setosa

以略帶藍色的葉子和葉子全體長滿濃密的毛為特徵的小型種。不耐高溫多濕，所以夏季管理時要注意。

花司
Echeveria harmsii

紅色的鑲邊點綴著綠色的葉子。木質化的莖部有分枝。開花之後可作為盆花，深受喜愛。

杜里萬蓮
Echeveria tolimanensis

蓮座的直徑大約10cm的小型種。長紡錘形的葉子肉質肥厚，帶有白粉，令人留下深刻的印象。

布蘭迪
Echeveria colorata var. *brandtii*

這是「卡羅拉」的變種，特徵是葉子比基本種更細長。放在日照充足的場所培育，遇到寒冷時會變紅。

雪錦晃星
Echeveria pulvinata 'Frosty'

「錦晃星」的白葉變種。肉質肥厚的葉子上面覆蓋著絨毛。夏季要避免陽光直射，最好在陰涼處培育。

粉藍
Echeveria 'Powder Blue'

淺綠色的顏色充滿魅力。如果放置在日照充足、通風良好的場所管理，還可以欣賞到漂亮的紅葉。

雨滴
Echeveria 'Raindrop'

葉子表面有雨滴狀突起的擬石蓮花屬。直徑可達20cm以上的大型種，秋季轉為紅葉時紅色會更明顯。

高砂之翁
Echeveria 'Big Red'

紅色的葉子格外顯眼的品種，可以生長到30cm左右的大小。葉子的顏色會隨著季節而變化。

大戟屬
Euphorbia

DATA
科　名 大戟科　原產地 非洲、馬達加斯加島　生長類型 夏型

　　獨特的形狀充滿魅力的大戟屬，是為了適應各自的環境所進化而成的植物。形態和大小也是種類繁多，有的酷似球狀仙人掌，有的類似柱狀仙人掌，有的會開出美麗的花朵，有許多富於變化的種類。
　　生長習性大致上都相同，喜歡高溫和強光，生長期是春季到秋季的夏型。如果放在室外日照充足的場所，即使淋到雨也會生長得很茁壯。不過，它的耐寒性稍低一點，所以冬季要避免暴露在5℃以下的冷空氣中。從春季到秋季的生長期，當用土完全乾透時要大量澆水。可以利用扦插法等方式繁殖。

紅彩閣
Euphorbia enopla

外形就像柱狀仙人掌一樣，帶有尖刺。如果放置在日照充足的場所管理，刺的紅色就會變得很顯眼。

鐵甲丸
Euphorbia bupleurifolia

形狀長得像鳳梨一樣的品種。在大戟屬的多肉植物中，具有需要很多水分的特性。

晃玉
Euphorbia obesa

形狀宛如渾圓的球狀仙人掌。縱貫上下的稜線上長出子株，形成形狀好看的群生株。

琉璃晃
Euphorbia susannae

有許多突起的球形大戟屬。如果陽光不足的話，植株就會從頂部開始徒長，無法維持球形。

怪魔玉
Euphorbia 'Kaimagyoku'

由「鐵甲丸」和「鱗寶」雜交而成的園藝品種。隨著生長，莖幹的部分會縱向延伸，長成大株時令人印象深刻。

峨眉山
Euphorbia 'Gabizan'

「怪魔玉」和「鐵甲丸」的交配種。喜歡日照充足、通風良好的場所，但是盛夏的陽光直射會造成葉子灼傷。

莫氏大戟
Euphorbia moratii

原產於馬達加斯加島的小型塊根種。這是極為稀有的大戟屬多肉植物，粗大的塊根形狀充滿魅力。

貝信麒麟
Euphorbia poissonii

鮮綠色的多肉質葉子主要生長於植株的頂部。側面會長出子株，但是切離子株時要小心，避免碰觸到樹液。

什巴大戟
Euphorbia subapoda

隨著生長，植株的基部會變得渾圓肥大的塊根性多肉植物。冬季葉子掉落之後，要停止澆水。

柱葉大戟
Euphorbia cylindrifolia

原產於馬達加斯加島。橫向攀爬的塊根上長有小小的葉子，會開出不顯眼的小花，粉紅色中帶點褐色。

皺葉麒麟
Euphorbia decaryi

具有塊根的小型麒麟花類植物。以葉子捲曲有皺褶為特徵，而且比較容易栽培。可利用分株法繁殖。

沙魚掌屬
Gasteria

DATA
科　名 阿福花科　**原產地** 南非
生長類型 夏型、春秋型

目前已知該屬有約80種,主要分布在南非,這種多肉植物具有非常肥厚的硬質葉子,呈互生或是呈放射狀擴展開來。因為它是近似蘆薈屬的種類,所以也有許多與蘆薈屬雜交的品種。

一般認為它的生長類型為夏型或是春秋型,但是也有全年都會生長的強健品種。沙魚掌屬全都如同十二卷屬一樣,不喜歡陽光直射。在強烈的陽光下會造成曬傷,所以栽培時需要以遮光等方式減弱陽光。此外,稍微多澆一點水的話,生長狀態會變得更好。因為會長出子株的種類很多,所以可以利用分株法輕鬆繁殖。

臥牛
Gasteria armstrongii

這是變化很豐富的人氣品種,形似牛舌的肥厚葉子朝2個方向互生。培育時要避免陽光直射。

白弓臥牛
Gasteria ellaphieae

原產於南非,略微細長的葉子呈蓮座狀展開。出現在葉子表面上的細小斑點也充滿魅力。

象牙子寶
Gasteria 'ZougeKodakara'

帶有白色或黃色斑紋的改良品種。顧名思義,會從植株的基部長出許多子株。不喜歡陽光直射,所以要多加注意。

風車草屬
Graptopetalum

DATA
- 科　名　景天科
- 原產地　墨西哥
- 生長類型　夏型

該屬近似擬石蓮花屬和佛甲草屬，呈蓮座狀的形狀和帶有白粉的葉色充滿魅力。略帶粉紅色的品種很多，非常適用於例如想為合植盆栽增添色彩的時候。優點是比較耐得住炎熱和寒冷，生命力強韌，所以相當容易栽培。

具有耐寒性，只要氣溫維持在0℃以上就可以在室外過冬。冬季休眠期間最好在稍微乾燥的環境中培育。如果形成大型的群生株，很容易因為悶熱而腐爛，要注意保持通風。生長期從春季到秋季。全年都是在日照充足的場所栽培。換盆的最佳時期是春季。同時期可以利用葉插法或扦插法繁殖。

姬朧月
Graptopetalum paraguayensis 'Bronze'

肉質肥厚的三角形葉子呈蓮座狀，紅銅色的葉子很漂亮的小型種。最好在略微乾燥的環境中培育。

銀天女
Graptopetalum rushyi

以微帶紅色的灰色葉為特徵的小型種。莖部矮短，小型的蓮座會形成群生的類型。

菊日和
Graptopetalum filiferum Batopila

這是長久以來受到喜愛的品種，從植株的基部長出子株之後形成群生。不耐夏季的炎熱，必須特別留意。

風車草 × 擬石蓮花屬
Graptoveria

DATA
- 科　名　景天科
- 原產地　交配種　生長類型　夏型

　　將擬石蓮花屬和風車草屬兩者雜交而成的族群。以呈蓮座狀展開的肥厚葉子為特徵。在雜交而成的眾多改良品種當中，只有容易培育、外形獨特且受歡迎的品種才會保留下來。

　　一般來說，要放置在日照充足、通風良好的場所管理，培育時最好稍微減少澆水。在春季到秋季間生長，嚴冬進入休眠狀態。不過，它不喜歡盛夏的陽光直射，所以管理時要使用葦簾等遮光，或是移到明亮的陰涼處。初春時節，除了扦插法之外，也可以利用葉插法繁殖。

黛比
Graptoveria 'Debbi'

帶有紫色的色調，葉子表面覆蓋著粉末，是很漂亮的一般種。莖部不會伸長，在植株的基部會長出子株。

紅葡萄
Graptoveria 'Amethorum'

深沉的葉色以及略微圓潤的肥厚葉子充滿魅力。蓮座的直徑為5～6cm，生長速度緩慢。

藍色天使
Graptoveria 'Fanfare'

帶有透明感的尖銳葉子上覆蓋著白粉，層層交疊生長，是很受歡迎的品種。可以利用分株法繁殖。

十二卷屬
Haworthia

DATA
科　名 阿福花科　**原產地** 南非
生長類型 春秋型

　　葉子的形狀、顏色和紋路等充滿許多變化，具有收藏的價值，是很受歡迎的族群。十二卷屬分成葉子柔軟的軟葉系和葉子堅硬的硬葉系。

　　生長期是春季和秋季。要放置在通風良好的半日照處或明亮的室內管理。嚴禁暴露在直射的陽光下。盛夏、隆冬時節生長會變得緩慢，因此要減少澆水。在春季和秋季的生長期，當用土變乾時要大量澆水。在多肉植物之中，十二卷屬具有格外喜歡水分的特性。此外，它的粗根會長得很長，所以最好使用較深的花盆。一般是利用分株法繁殖，將從植株基部長出來的子株分切下來栽種。

帝玉露
Haworthia obtusa

軟葉系的代表品種。有點渾圓的葉子密集生長，葉子具有可以透入光線的透明葉窗。放置在明亮的陰涼處管理。

玉露
Haworthia cooperi

這個品種具有形狀略微細長的葉子。即使放置在室內也可以培育出良好的狀態。

龍鱗
Haworthia tessellata

這個種類的葉子很寬大，整個葉子的表面全都變成窗。彷彿覆蓋著鱗片的紋路非常獨特。

萬象
Haworthia maughanii

看起來很像被刀子切斷的葉子頂端具有半透明的窗，可以由此讓光線進入。窗的部分有白色的紋路。

玉扇
Haworthia truncata

肉質肥厚的葉子呈對生狀，往兩側生長，如果從側面觀看是呈扇形生長。葉子的頂端有透鏡狀的窗。

克雷克大
Haworthia correcta

三角形的大型葉窗呈放射狀排列的十二卷屬植物，歸類為軟葉系，屬於生長緩慢的類型。

壽
Haworthia retusa

三角形的淺綠色葉子展開呈蓮座狀，直徑10cm左右，葉子的頂部全都變成窗。

美豔
Haworthia splendens

三角形葉窗的部分給人一種凹凸不平的印象。窗上的條紋帶有光澤，閃耀著金色和紅銅色的光彩。

皮克大
Haworthia picta

這個品種上部的葉窗上面有複雜的白色斑點。斑點顯現在窗上的樣子會因不同的植株而有所差異。

萬壽姬
Haworthia paradoxa

如果培育狀態良好，飽滿的葉子會整齊地排列成放射狀，三角形的窗裡會散發出光澤。

冰砂糖
Haworthia turgida f. variegata

帶有純白色斑點的軟葉系，是很受歡迎的品種。逆著光線觀賞時，可以更加突顯出它的美感。

京之華錦
Haworthia cymbiformis f. variegata

三角形的葉子展開呈蓮座狀的品種，葉子的頂端有透明的窗。在同屬中也算特別容易栽培的品種。

蟬翼玉露
Haworthia transiens

葉尖略尖的肥厚葉子密集生長。讓陽光照進來的窗的部分，長得又大又具有透明感，是很美麗的品種。

八重垣姬
Haworthia translucens

這種小型的十二卷屬具有顏色明亮、透明度高的葉子。蓮座的直徑約4～5cm。栽培容易，也經常長出子株。

小人之座
Haworthia angustifolia var. *liliputana*

展開細長葉子的最小型十二卷屬多肉。子株很容易繁殖，群生的姿態非常值得一看。

巨牡丹
Haworthia arachnoidea

直徑5cm左右的小型種。被稱為蕾絲系十二卷屬，軟質的葉子上長有絨毛，給人纖細的印象。

曲水之宴
Haworthia bolusii

蓮座的直徑為5～7cm。這種蕾絲系十二卷屬，葉子的上部是透明的，長有濃密的、像蜘蛛絲一樣的細毛。

cummingii
Haworthia cummingii

屬於蕾絲系的種類。葉子上長出的細毛稍短一點。放置在明亮的陰涼處管理，以維持美麗的綠色。

青雲之舞
Haworthia vittata

直徑5cm左右，屬於蓮座型的蕾絲系十二卷屬多肉。葉子整體都具有透明感，非常美麗。

冬之星座
Haworthia papillosa

歸類為硬葉系，深綠色的葉子上面有白色的斑點。斑點又大又圓的個體稱為「冬之星座甜甜圈」。

春之潮
Haworthia baccata

外形酷似「冬之星座」，但是葉子比較寬，交疊生長呈塔狀，歸類為硬葉系。要避免陽光直射。

小白鴿
Haworthia reinwardtii f. Kaffirdriftensis

葉子層層交疊，密集生長，宛如火焰般的外形十分獨特。葉子上面帶有規則的白色斑點花紋。

疣葉風車
Haworthia scabra

硬質的葉子呈扭曲狀生長的品種，以葉子表面的細小突起為特徵。生長速度緩慢，屬於繁殖困難的種類。

伽藍菜屬
Kalanchoe

DATA
科　名 景天科　**原產地** 馬達加斯加島、南非　**生長類型** 夏型

　　這種多肉植物的葉子形狀和顏色很獨特，可以欣賞到豐富的品種。除了欣賞葉色微妙的變化之外，還有葉子頂端會長出小型子株的品種，以及會開出美麗花朵的品種。

　　生長期為春季到秋季的夏型。可以在室外培育，很多種類即使淋雨也沒關係，栽培上比較容易。許多景天科的植物都具有耐寒的特質，但是伽藍菜屬特別怕冷。在冬季休眠期間要停止澆水，最好放在室內日照充足的場所管理。夏季要放在通風良好的場所培育，這點非常重要。可以利用葉插法、扦插法輕鬆繁殖。如果採用葉插法，要放在陰涼處管理。

月兔耳
Kalanchoe tomentosa

細長的葉子上覆蓋著天鵝絨般的細毛，看起來就像兔子的耳朵。葉子邊緣的黑色斑點花紋也是一大特徵。

福兔耳
Kalanchoe eriophylla

葉子和莖部披覆著細小的白色絨毛，植株低矮，是群生的類型。初夏時節會開出粉紅色的花。

褐矮星
Kalanchoe 'Brown Dwarf'

大而捲曲的葉子表面呈天鵝絨狀，葉子的邊緣呈紅褐色，以十字型交疊的方式長在莖幹上。

仙人之舞
Kalanchoe orgyalis

以卵形的褐色葉子為特徵。表面披覆著褐色天鵝絨般的細毛。如果長期栽培的話，莖部會木質化。

白銀之舞
Kalanchoe pumila

美麗的銀色葉子就像覆蓋著白粉一樣，充滿魅力，葉子的邊緣有細小的缺口。在溫暖的地區可以在室外過冬。

扇雀
Kalanchoe rhombopilosa

原產於馬達加斯加島的小型種，高度為15㎝左右。銀色葉子的尾端呈波浪狀，帶有褐色的斑紋。

不死鳥錦
Kalanchoe daigremontiana 'Variegata'

葉子上有黑紫色斑點的品種。葉子的邊緣長有小型的粉紅色子葉，屬於體質強健的品種，易於栽培和繁殖。

朱蓮
Kalanchoe longiflora var. *coccinea*

以帶有紅色的葉子為特徵的伽藍菜屬。植株生長時,莖部會向上立起,長出分枝。日照不足時葉子會變綠。

白姬之舞
Kalanchoe marnieriana

呈直線狀伸長的莖上長有互生的圓形葉子,葉子的邊緣有鮮紅色的鑲邊。可以利用扦插法繁殖。

花葉圓貝草
Kalanchoe farinacea cv.

這個品種的葉子呈卵形對生,葉子上面有白色的斑點。植株長得太高的話,要將莖部剪短,重新改造。

千兔耳
Kalanchoe millotii

原產於馬達加斯加島。淺綠色的葉子上面覆蓋著絨毛。以葉子的邊緣有細小缺口為特徵。

生石花屬
Lithops

DATA
| 科　　名 | 番杏科 | 原產地 | 南非 |
| 生長類型 | 冬型 |

　　這是又被稱為「活寶石」的球形女仙。生石花屬有許多品種在市面上販售，收藏價值很高。一般認為它那奇妙的形狀是為了保護自身免於動物攝食，所以擬態成石頭的樣子。頂部有帶有花紋的窗，由此吸收光線。生長期是秋季到春季的冬型，夏季處於休眠狀態。因為喜歡陽光，所以要放置在日照充足、通風良好的場所管理。夏季則放置在有遮光的半日照場所，保持涼爽且停止澆水。雖然表面會漸漸失去緊繃飽滿的樣子，但是直到秋季都不要澆水。當春季或秋季時，形成新葉之後就會脫皮。即使在冬季的生長期，最好也放在略微乾燥的環境中培育。

日輪玉
Lithops aucampiae

葉子呈紅褐色，頂面有黑褐色的花紋。這是經常脫皮、植株也易於繁殖的一般品種。秋季會開出黃色的花。

大津繪
Lithops otzeniana

具有由綠色轉為褐色的葉子，窗的部分帶點圓潤感，上面有較大的斑點花紋。秋季會開黃色的小花。

雙眸玉
Lithops geyeri

綠色系的生石花屬植物，頂面帶有深綠色的斑點花紋。秋季綻放的花是白色的。

鳴弦玉

Lithops bromfieldii var. *insularis*

這個品種呈現鮮豔的黃綠色，頂面有深褐色的花紋，屬於比較容易群生的類型。

石榴玉

Lithops bromfieldii

這個品種的褐色系株體上帶有鮮紅色的花紋。雖然會脫皮，但是不容易分球，所以很難繁殖。

露美玉

Lithops hookeri

紅褐色的花紋很漂亮。在初春脫皮，隔年秋天開出黃色的花。要放置在涼爽的環境中度過夏天。

壽麗玉

Lithops julii

具有鮮豔的粉紅色表皮，略顯圓潤的中型種。以頂面清楚呈現的紅色線狀花紋為特徵。

紅窗玉
Lithops karasmontana 'Top Red'

這個改良品種特別突顯出顏色鮮豔的紅色花紋。頂面部分平坦，構成均衡美麗的形狀。花是白色的。

青瓷玉
Lithops helmutii

擁有亮綠色的體色，宛如透明一般的生石花屬植物。很容易形成群生，也可能長成大型植株。

琥珀玉
Lithops karasmontana ssp. *bella*

頂面帶有黃色的類型。頂面顯現出鮮明的褐色線條花紋，屬於中型種，經常以群生的形態出現。

紫勳
Lithops lesliei

紅色系的扁平大型種，球形直徑可以生長到5cm。葉子的頂面覆滿黑褐色的細密花紋。

樂地玉
Lithops fulviceps var. *lactinea*

微紋玉的變種。呈扁平的球形，頂部平坦，差不多接近圓形。分散的細小斑點花紋也是一大特徵。

聖典玉
Lithops framesii

球形的大型種，球的側面呈灰綠色，頂面有白色的網狀花紋。屬於容易形成群生、長成大型植株的類型。

巴里玉
Lithops hallii

褐色中帶點紅色的網狀花紋相當美麗，開出的花是大型的白花。要注意，日照不足時會縱向生長。

紅大內玉
Lithops optica 'Rubra'

這種染成鮮豔紅色的生石花屬，整體都帶有透明感。開出的花是白色的，花瓣尖端是粉紅色。

瓦松屬
Orostachys

DATA
科　名 景天科　**原產地** 日本
生長類型 春秋型

　　可愛的小型蓮座狀葉子充滿了魅力。與佛甲草屬有近親關係，原產於日本等東亞地區。這種多肉植物經常被當作山區的野草來看待。

　　瓦松屬的繁殖能力很強，也很容易形成群生。不過，夏季要注意高溫，避免造成葉子灼傷。夏季最重要的是要放置在半日照且通風良好的場所培育。比較耐得住冬季的寒冷，如果氣溫沒有低於0℃，就可以在室外栽培。澆水時的重點在於，在春、秋兩季的生長期要充分澆水，夏季和冬季則減少澆水次數。直到葉子開始變皺的程度再澆水也沒關係。

子持蓮華
Orostachys boehmeri

顧名思義，這是子株會藉由匍匐莖不斷繁殖的品種。因為繁殖力旺盛，所以最好種植在稍大的花盆裡。

爪蓮華錦
Orostachys f.variegata

會繁殖出很多子株的品種。植株一旦生長開花之後，母株就會枯萎，所以最好將子株切離，為它換盆。

富士
Orostachys iwarenge 'Fuji'

藍綠色的葉片上有白色的斑紋，外形很美麗的品種。不耐高溫和多濕，所以夏季要盡量放在陰涼處管理。

厚葉草屬
Pachyphytum

DATA
- 科　名　景天科
- 原產地　墨西哥
- 生長類型　夏型

具有淺淺的色調和肥厚的葉子，是很受歡迎的品種，原產於墨西哥。以飽滿肥厚的葉子為特徵，根據不同的品種，有的葉子上披覆著白粉，有的則是染上淺淺的紅紫色或粉紅色。

如果放在日照不足的場所，葉色也會變差，外形會長得比較鬆散。而且有時葉子會紛紛掉落。雖然屬於夏型種，但是盛夏時生長會變慢，要減少澆水放在半日照處管理。如果是白粉葉類型，澆水時要注意避免把水澆淋在葉子上。換盆的最佳時期是春季或秋季。擴根性很強，所以每隔1～2年需要換盆1次。繁殖是利用葉插法或扦插法。

千代田之松
Pachyphytum compactum

展開綠色肥厚葉子的厚葉草屬植物。隨著植株的生長，莖伸長之後會分枝。一旦日照不足會很容易徒長。

星美人
Pachyphytum oviferum

肥厚飽滿的白粉葉十分獨特，還染上淺淺的粉紅色。屬於直幹型，所以長得太長時必須把莖剪短。

群雀
Pachyphytum hookeri

擁有灰綠色葉子的品種，莖部會分枝長高的類型。暴露在寒冷中時，葉子會轉為粉紅色。

椒草屬
Peperomia

DATA
科　名 胡椒科　**原產地** 南美洲
生長類型 冬型

　　已知椒草屬有許多種類，主要分布在南美洲。其中葉子肥厚渾圓的類型被當作多肉植物來栽培。

　　雖然椒草屬是生長在熱帶地區的植物，卻不喜歡強烈的陽光。日照太過充足或是日照過於不足，都無法培育出漂亮的植株。夏季強烈的陽光會造成葉子灼傷，但是如果光線不足，葉子又會失去光澤。它也耐不住多濕的環境，因此夏季時最好放置在通風良好的陰涼處，冬季時則放置在照得到陽光的室內管理。可以利用扦插法、葉插法、分株法繁殖。

紅背椒草
Peperomia graveolens

原產於秘魯。葉子的背面和莖部是深紅色的。如果秋季到春季在陽光下培育，紅色會變得更漂亮

仙城莉椒草
Peperomia 'Cactusville'

厚質的葉子層層交疊向上生長的姿態獨具特色。要放置於明亮的陰涼處培育，避免陽光直射。

塔椒草
Peperomia columella

屬於莖部筆直生長的直立類型，長滿了許多箭鏃形的小葉子。需要比較頻繁地進行澆水。

鳳卵草屬
Pleiospilos

DATA
科　名　番杏科　　原產地　南非
生長類型　冬型

　　形狀很像圓形大石頭的多肉植物。它是球形女仙的成員，以飽滿的圓形葉子和斑點花紋為特徵。比生石花屬和肉錐花屬長得更大。從植株的中心會開出鮮豔的花朵。為了使葉子長得肥大且形狀更漂亮，最重要的是在春、秋兩季的生長期讓它照射到充足的陽光。如果在這段期間日照不足，就會停止生長，開花的狀況也會變差。不過，在盛夏時節要移至通風良好的陰涼處，並停止澆水。

紫帝玉
Pleiospilos nelii 'Royal Flush'

紫色很漂亮的品種。喜歡日照充足、通風良好的場所。在室外的話，要放在避免雨淋和霜凍的場所管理。

馬齒莧屬
Portulaca

DATA
科　名　馬齒莧科　　原產地　北美洲
生長類型　春秋型

　　原產於北美洲的馬齒莧科植物，具有多肉質的葉子和莖，非常耐得住炎熱和乾燥。也可以當作盆花栽培，相當受歡迎的夏季花壇常見植物「大花馬齒莧」也是這個家族的成員。要放置在日照充足、通風良好的場所管理，當土壤表面乾燥時需大量澆水。但是要特別注意若澆水過量的話，會造成根部腐爛。過冬時需要保持10℃以上的溫度。冬季時最好移入室內，放置在照得到陽光的窗邊培育。

雲葉古木
Portulaca molokiniensis

從植株的基部長出好幾支莖，莖的頂端長有色彩鮮明的圓形葉子。不喜歡寒冷。可以利用扦插法繁殖。

佛甲草屬
Sedum

DATA
科　名 景天科　**原產地** 南非
生長類型 春秋型

屬於容易栽培又廣受歡迎的多肉植物成員。其中有許多種類具有優異的耐寒性和耐熱性，根據種類的不同，有些甚至可以用於屋頂綠化等。種類真的很豐富，擁有各式各樣的類型。

基本上喜歡日照，但是有點不喜歡盛夏的陽光直射，所以要放置在明亮的陰涼處管理。大部分的佛甲草屬擁有很強的耐寒性，即使氣溫驟降至接近0℃也能度過冬天。生長期是從春季到秋季這段期間，但是盛夏時節最好稍微減少澆水。群生的植株必須特別注意悶熱的情況，最好放置在通風良好的場所。換盆的最佳時期是春季或秋季。

乙女心
Sedum pachyphyllum

日照不足的時候，紅色就會變得不太明顯。如果栽培時給予的水分稍微少一點，顏色會比較鮮豔。

虹之玉
Sedum rubrotinctum

有許多圓形的葉子相連在一起。長成大型的植株之後會在春季伸出花莖，開出黃色的花朵。

虹之玉錦
Sedum rubrotinctum cv. 'Aurora'

這是「虹之玉」的斑化品種，顏色呈淺綠色，在春季和秋季的乾燥時期，紅色會變得更深。

松之綠
Sedum rubrotimotum

帶有光澤的綠葉呈蓮座狀展開,如果放置在日照充足的場所培育,葉子的尖端會變成紅色。

新玉綴
Sedum burrito

圓滾滾的葉子披覆著白粉,充滿魅力的佛甲草屬植物。明亮的萊姆綠相連成串,莖部伸長之後會往下垂。

綠龜之卵
Sedum hernandezii

以深綠色的卵形葉子為特徵。主幹直立生長,但是如果日照不足或是澆水過多,很容易造成徒長。

大唐米
Sedum oryzifolium

超小型的葉子對生,緊密相連。這是原產於日本的佛甲草屬植物,以群生的形態自然生長在海岸的岩石地區。

玉葉
Sedum stahlii

這個品種長有無數像紅豆一樣的小型圓葉，原產於墨西哥。如果日照充足的話，葉子就會變得更紅。

戀心
Sedum 'Koigokoro'

原產於中美洲的佛甲草屬植物。雖然形似乙女心，但是植株會長得比較大。冬季也可以在室外過冬。

逆弁慶草
Sedum 'SilverPet'

這個品種長有細小的細長葉子，很適合作為合植盆栽的配角。摘除莖梢嫩芽就會立刻長出側芽。

變色龍
Sedum reflexum 'Chameleon'

這是逆弁慶草的園藝品種。細長的葉子整齊地排列在較粗的莖上。莖會以匍匐的方式生長。

銘月
Sedum adolphii

帶有光澤的黃綠色葉子相連成串,逐漸變成分幹型的植株。如果秋季時接受充足的日照,整體會略顯紅色。

黃麗
Sedum adolphiif

雖然與「銘月」以相同的形態生長,但是這個品種的外形稍微小型一點,葉子也比較圓潤。

八千代
Sedum allantoides var.

長長的莖往上直立伸展,莖的頂部長有許多小葉子。葉子的外形有點圓潤,呈黃綠色。

大玉簾
Sedum 'Oodamasudare'

隨著生長莖部會逐漸伸長,然後前端會像簾子一樣往下垂墜。可以利用扦插法繁殖。

寶珠扇
Sedum dendroideum

具有形狀獨特的嫩綠色葉子,莖部直立生長的同時也會出現分枝。忍受夏季炎熱和多濕的能力很強。

美樂蒂
Sedum mirotteii

佛甲草屬和擬石蓮花屬雜交而成的園藝品種。展開蓮座狀的葉子,長成分幹型的植株。

薄化妝
Sedum palmeri

這是佛甲草屬的成員,展開的葉子比較薄,呈黃綠色。很容易長成樹狀,分枝之後繼續生長。

木樨景天
Sedum suaveolens

這個品種展現出蓮座狀的姿態,就像擬石蓮花屬一樣。莖部不會立起來,而是在匍匐莖的前端長出子株。

長生草屬
Sempervivum

DATA
科　　名 景天科　**原 產 地** 歐洲中南部的山地　**生長類型** 冬型

　　這是已知有許多改良品種的蓮座型多肉植物。從小型種到大型種，可以欣賞到豐富的變化。

　　長生草屬是耐寒性很強的冬型種。已知約有40種的原種，分布在歐洲到俄羅斯中部的山岳地帶。因為有優越的耐寒性，所以即使在寒冷地區也可以在戶外栽培。要放置在日照充足、通風良好的場所管理。夏季會處於休眠狀態，所以要減少澆水，並且移置到陰涼處。換盆的最佳時期是初春，因為匍匐莖會長出子株，所以剪下子株來栽植，就可以輕鬆繁殖。

卷絹
Sempervivum arachnoideum

長生草屬的代表品種，相當容易培育。隨著植株生長，葉子的尖端會長出白絲，然後包覆整個植株。

玉光
Sempervivum arenarium

原產於東阿爾卑斯山脈的小型種。以深紅色和黃綠色的對比為特徵，表面纏繞著絨毛。

綾絹
Sempervivum tectorum var. *alubum*

這個品種已知有許多地域變異，並且也有許多改良品種誕生。葉子呈嫩綠色，在葉尖點綴著深紅色。

Gazelle

Sempervivum 'Gazelle'

鮮綠色和紅色的葉子呈蓮座狀展開,整體包覆著白色的絨毛。群生株在度過夏季時要特別注意。

Red Chief

Sempervivum 'Red Chief'

在紫黑色的葉子密集重疊而成的中心,會出現鮮豔的綠色。也可以配置在岩石花園內作為觀賞的亮點。

榮

Sempervivum calcareum 'Monstrosum'

筒狀葉子呈放射狀展開的罕見類型,很難栽培。根據植株的不同,葉子的紅色有的較多,有的較少。

百惠

Sempervivum ossetiense 'Odeity'

以筒狀的細長葉子為特徵,葉子的上部呈開口的狀態。在植株的基部會長出幼小的子株。

麗人盃
Sempervivum 'Reijinhai'
小型的蓮座密集群生的園藝品種。葉子尖端的顏色清楚顯現的類型。

jubilee
Sempervivum 'jubilee'
細小的葉子密集生長的改良品種。由植株的基部伸出的匍匐莖上長出子株。

Granada
Sempervivum 'Granada'
美國開發出來的品種。披覆著絨毛的葉子，全體染上雅致的紫色，看起來就像玫瑰花一樣。

紅蓮華
Sempervivum 'Benirenge'
葉子的頂端有明顯的紅色鑲邊的類型。繁殖力旺盛，是子株很容易繁殖，栽培也很容易的品種。

紅牡丹
Sempervivum 'Streaker' *f.variegata*

原產於日本的長生草屬植物，令人感受到日式風情。這是葉子的表面出現粉紅色斑點的類型。

綾椿
Sempervivum 'Ayatsubaki'

許多葉子略呈圓形地展開來，綠色的葉子尖端帶點紫色。

樹冰
Sempervivum 'Silver Thaw'

以形狀圓滾滾的蓮座為特徵，小型的個體相連在一起的樣子非常可愛。蓮座的直徑為3cm左右。

精靈
Sempervivum 'Sprite'

改良品種，在亮綠色的葉子上面包覆著細細的絨毛。從匍匐莖上陸續長出子株，形成群生的狀態。

黃菀屬
Senecio

DATA
科　名 菊科　**原產地** 非洲西南部、印度、墨西哥　**生長類型** 春秋型

　　黃菀屬的成員有很多種類的外觀都很奇特。例如垂墜著相連成串的圓球的綠之鈴，以及葉子長得像箭頭的劍葉菊等，獨特的外形充滿魅力。

　　雖然大多數的種類都是在春季和秋季生長，但相對來說耐寒和耐熱的能力也很強，是容易培育的族群。不過，黃菀屬的植物不喜歡根部變得極度乾燥，所以即使在夏季和冬季的休眠期，也要避免讓根部過度乾燥。平常栽培的重點在於要有充足的日照，避免發生徒長的情形。繁殖期在春季。如果是莖部會伸長的類型可以使用扦插法。剪下莖部之後，不讓它變乾就立即插入土壤中。

綠之鈴
Senecio rowleyanus

匍匐莖上長著球狀葉子，向下垂墜延伸，所以建議將花盆採用懸吊的方式。夏季要避免陽光直射。

白壽樂
Senecio citriformis

呈直線狀生長的細莖上長著水滴形的葉子，葉子的頂端尖尖的。葉子上面覆蓋著薄薄一層白粉。

美空鉾
Senecio antandroi

略帶藍色的細長葉子表面覆蓋著白粉，屬於密集生長的品種。如果給水過量的話，葉子的形狀會變得不好看。

劍葉菊
Senecio kleiniiformis

葉子的獨特形狀充滿趣味，中型種。平常喜歡陽光，但是盛夏時要放置在半日照的場所，避免陽光直射。

hebdingi
Senecio hebdingi

原產於馬達加斯加島。這個品種會從地面長出數根多肉質的莖。在莖的頂端長著小小的葉子。

海葵角屬
Stapelianthus

DATA
| 科　　名 | 夾竹桃科 | 原　產　地 | 馬達加斯加島 |
| 生長類型 | 夏型 |

以覆蓋著白毛的柱狀外形為特徵的多肉植物。灰紫色的圓筒狀莖會在低處延伸生長。特別是夾竹桃科的植物，有許多種類生長迅速，開出的花朵也很獨特。

平時要放置在日照充足、通風良好的場所管理。冬季的管理要注意保暖，減少澆水次數。可以利用分株法、扦插法輕鬆繁殖。代表的品種是蘿藦毛絨角。夏季會開出淺黃色的花朵。

蘿藦毛絨角
Stapelianthus pilosus

整體都包覆著白鬍。冬季要減少澆水。喜歡待在日照充足的場所。

塊根植物的成員

塊根植物的英文為Caudex，是近年來人氣高漲的多肉植物家族成員。塊根植物很稀少，價值很高，收藏它們用來欣賞的愛好者也愈來愈多。此外，塊根植物的生長速度緩慢，花費多年培育而成的大型植株能以高價進行交易。

塊根植物的代表性種類包括沙漠玫瑰屬、棒槌樹屬、大戟屬、葫蘆屬、葡萄甕屬、龍骨葵屬、福桂樹屬等。這些塊根植物的主要原產地在非洲大陸和中東。因為它們自然生長在乾燥的地區，為了適應嚴酷的環境，都擁有粗壯的莖或樹幹以保持水分，這也是它們的特徵。

由於它們生長的環境與日本有很大的差異，所以培育時對於日照條件、溫度管理和水分管理等都需要相應的訣竅。慢慢地長期陪伴，讓植株一點一點長大，請體驗這種獨特的喜悅吧。

棒槌樹屬
Pachypodium

DATA
- 科　名　夾竹桃科
- 原產地　南非、馬達加斯加島
- 生長類型　夏型

具有肥大粗壯的莖或根的塊莖種、塊根種。要放置在日照充足、通風良好的場所管理，並且在日照充足的戶外培育。在梅雨季節和秋季長時間降雨時要注意避免根部腐爛。如果根腐病蔓延到嬌嫩的塊莖部分，就會擴展到植株全體，最終枯死。冬季最好在降霜之前先將塊根植物移至溫室等處，保持溫度不低於5℃，並且停止澆水。換盆要在春季進行。根系較細的品種，要注意避免弄斷根部。

象牙宮
Pachypodium rosulatum var. gracilius

原產於馬達加斯加島，以漸漸變粗的塊根部為特徵。在原生地的話，都是貼附在岩石地區等處生長。

非洲霸王樹
Pachypodium lamerei

在馬達加斯加島南部自然生長的多肉植物。在棒槌樹屬中塊根不算肥大，生長速度很快。細長的葉子在莖的頂端呈放射狀生長。

惠比須笑
Pachypodium brevicaule

形狀不規則的塊莖充滿魅力，有些地方會長出橢圓形的葉子。雖然耐得住較低的溫度，但是不喜歡悶熱，所以栽培上有點困難。會開出美麗的黃花。

席巴女王之玉櫛
Pachypodium densiflorum

原產於馬達加斯加島的中央地區。棒槌樹屬的代表元素樣樣兼備，例如粗壯的莖幹、尖刺、綠葉和黃花等。春季從生長點長出花柄之後，會開出美麗的花朵。生命力強韌，容易栽培。

蒴蓮屬
Adenia

DATA
- 科　　名　西番蓮科
- 原　產　地　南非、非洲中央
- 生長類型　夏型

在南非、坦尚尼亞、肯亞等地自然生長的西番蓮科塊根植物。植株基部肥大的樣子受到重視。已知種類包括刺腺蔓、幻蝶蔓、球腺蔓等。從春季到夏季會開出黃白色的花朵。在塊莖植物中算生長速度比較快的，喜歡水分。雖然要在日照充足的場所培育，但是要注意避免盛夏的陽光直射，以及梅雨季節的悶熱。

幻蝶蔓
Adenia glauca

塊根變得又大又粗的品種。如果由中央長出單一枝幹，最好把它修剪掉，讓多個樹芽冒出來。

沙漠玫瑰屬
Adenium

DATA
科　　名	夾竹桃科
原　產　地	阿拉伯半島～非洲
生長類型	夏型

以從東非到納米比亞、阿拉伯半島的沙漠地區為中心，自然生長著很多種多肉植物。栽培的重點在於要放在日照充足、略微乾燥的環境中培育。梅雨季節要注意避免淋雨。此外，沙漠玫瑰屬不耐寒冷，因此冬季要移入室內管理。當氣溫低於8℃時，植株的葉子會掉落並進入休眠狀態。如果氣溫在5℃左右就可以度過冬天。冬季休眠期間可以不用澆水。如果來年也想讓植株開花，需注意冬季的溫度管理。

索馬利亞沙漠玫瑰
Adenium somalense

莖的基部飽滿肥大的樣子很受歡迎，沙漠玫瑰屬植物。頂端長有許多細枝和葉子。

沙漠玫瑰
Adenium obesum

這是沙漠玫瑰屬的普及種，比較容易栽培。最好放置在日照充足、略微乾燥的環境中培育。

索科特拉沙漠玫瑰
Adenium socotranum

美麗的花朵和樹形廣受歡迎的沙漠玫瑰屬植物。特徵是莖幹高度不太會隨著生長而增高，會長出好幾根長長的樹枝。

其他塊根植物

酒瓶蘭
Beaucarnea recurvata

長久以來一直被視為觀葉植物的品種，原產於墨西哥的乾燥地帶。在日照充足的場所培育的話，植株的基部會變得肥大，長成大型植株。

紫背蘿藦
Petopentia natalensis

塊根性蘿藦屬的成員，原產於南非。半球形的塊根表面有裂痕，就像椰子一樣。生長期在夏季。

哨兵花
Albuca humilis

原產於南非的球根植物。非常耐得住乾燥，比較小型，所以容易栽培。葉子和花朵的模樣豐富，可以像多肉植物一樣欣賞。

蒼角殿
Bowiea volubilis

漂亮的翡翠色十分迷人的球根多肉植物「蒼角殿」。球根長大之後，直徑可達20cm。放置在避開陽光直射的明亮場所培育。

針葉虎眼萬年青
Ornithogalum juncifolium

原產於南非，生命力強韌又容易栽培的球根植物。小小的球根在分球之後會不斷繁殖下去。喜歡強烈的陽光，在20～30℃的高溫中可以培育得很好。

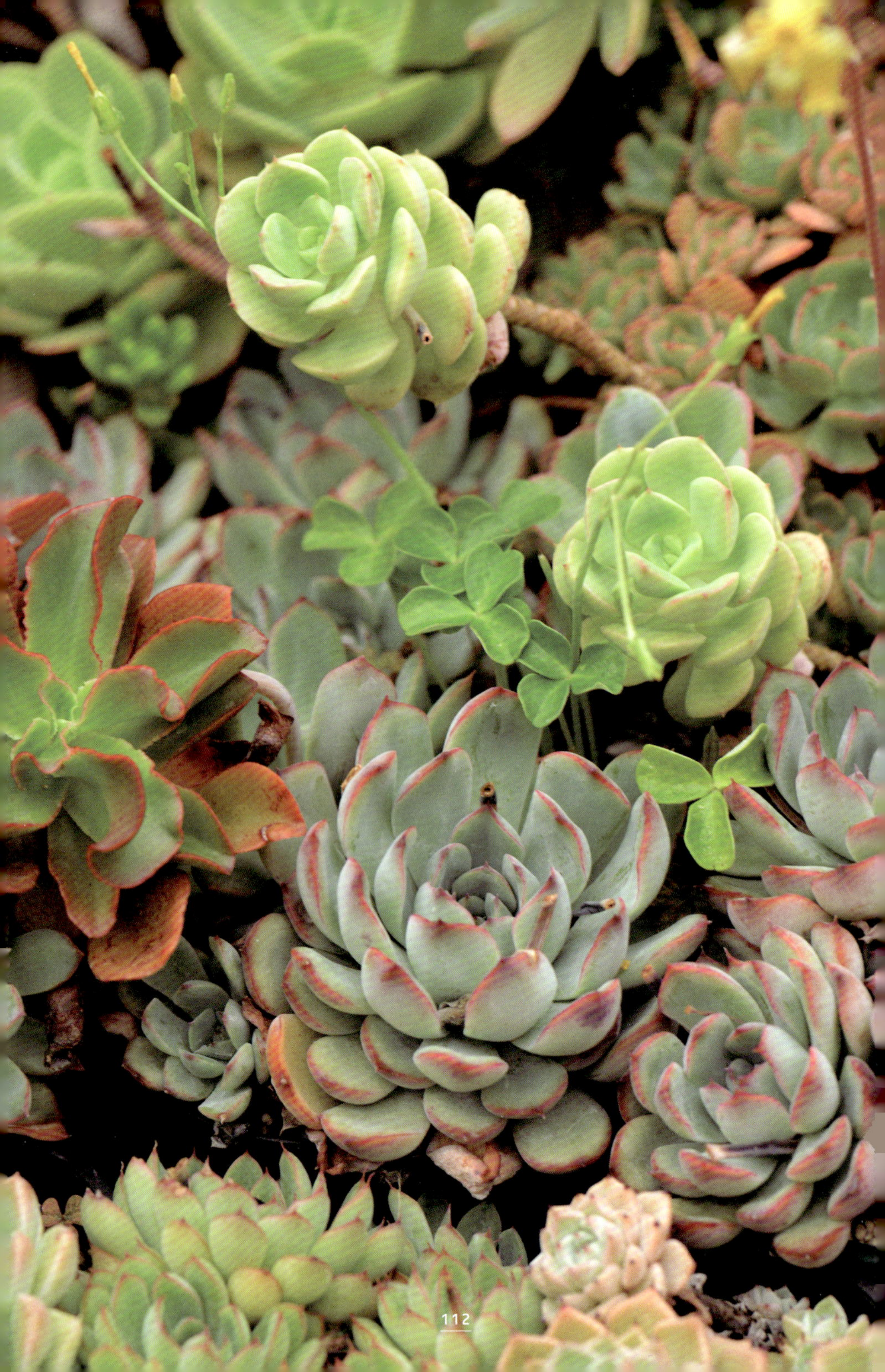

Chapter 4

多肉植物的栽培

—— Cultivation of succulent plants ——

即使是生命力強韌的多肉植物也有可能會枯萎。
雖說多肉植物耐得住乾燥,但仍必須配合生長週期澆水,
也要注意日照的條件。
首先,重要的是站在植物的角度思考。
為了栽培時能更得心應手,讓我們從基本課程開始吧。

栽培課程

LESSON 01

用土和肥料

　　土壤對於植物來說是非常重要的元素。這是因為植物會用根部抓住土壤讓植株穩定，同時還會吸收土壤中的水分和養分。大多數的多肉植物都是自然生長在乾燥且水分較少的土地上，所以用土方面要選擇排水和通氣性良好的土壤。顆粒細小的「單粒構造」土壤，排水和通氣性不佳，土壤經常會是潮濕的狀態，也可能容易導致根腐病。如果是顆粒較大、不易碎裂的「團粒構造」土壤，排水和通氣性較佳，而且保水性也良好，所以比較適合用來種植多肉植物。

　　用土的基本配方是赤玉土小粒3、鹿沼土小粒1、腐葉土1、河沙2、燻炭1、蛭石2。現在市面上也售有多肉植物的專用培養土，所以利用這種培養土是最簡便的方法。

　　為了讓用土的排水順暢，最好事先在花盆底部放入一層大顆粒的土壤。因為是比栽植用土的顆粒還要大的土壤，所以要使用大顆粒的赤玉土或浮石等。順便提一下，如果使用3號（直徑9cm）或尺寸更小的花盆，因為盆內的空間本來就有限，所以即使不加入大顆粒的土壤也沒關係。除此之外，若是使用沒有底孔的容器，最好先加入根腐防止劑（珪酸白土）會比較放心。

　　多肉植物的生長速度緩慢，而且自然生長在養分較少的土地上，所以不像其他觀賞植物必須施肥。在栽種或換盆時施用少量緩效性化學肥料作為基肥就夠了。

赤玉土
這是通氣性和保水性極佳的用土，可作為盆栽的基底。先用篩子篩除微小顆粒之後再使用。

鹿沼土
幾乎不含有機質的酸性土壤，富有保水性、排水性的用土。

專用培養土
適合多肉植物生長的培養土。排水和通氣性特別出色。

各式盆器

在配置多肉植物時，除了園藝用的花盆之外，還有許多容器可以使用。思考多肉的配置來使用各種不同類型的容器也充滿樂趣。

如果以網籃等作為配置的容器，只要使用麻布或護土椰棕墊等來防止土壤流失，就可以種入多肉植物。

腐葉土
以闊葉樹的落葉發酵而成的有機質改良用土。

河砂
這是由花崗岩生成的砂子，有助於提升通氣性。

燻炭
這是以稻殼等碳化而成的改良用土，可以提高通氣性、保水性。

盆底石
為了使排水順暢而放入花盆底部的浮石。

沸石
用來防止根腐病的矽酸白土。可用於沒有盆底孔洞的容器。

富士砂
黑色的多孔性火山砂礫。除了可以提升土壤的通氣性之外，還可以作為裝飾砂。

彩砂
用來覆蓋花盆表土的裝飾砂。選擇個人喜歡的顏色來使用。

緩效性化學肥料
在栽植或是換盆時作為基肥施用的固體緩效性化學肥料。成分以N（氮）、P（磷）、K（鉀）的比例表示。

栽培課程

LESSON
02
栽植的方法

　　以花盆栽植的植物必須定期換盆。種植多肉植物時，至少要提前1週以上停止澆水，讓土壤乾燥，作業上會比較方便。從花盆中取出植株，弄掉附著在根部的所有舊土，配合花盆的大小剪掉已經伸長的根部，然後種植在新的用土中。換盆的最佳時期，基本上是植株開始生長的季節。以夏型種來說，最適合的季節是3～5月，冬型種則是9～11月。

　　而且，必須特別注意，多肉植物的換盆方法會因根部的類型而有所不同。要先區分成細根型和粗根型再進行作業。在為石蓮花屬、佛甲草屬、蓮花掌屬、長生草屬等細根型的多肉植物換盆時，要先卸除花盆，弄掉根部的土壤，然後將根部從尖端算起，剪掉大約一半的長度。如此一來能夠促進新根的生長。處理好根部之後，不要立即將植株種入土壤中，要先將植株放置在通風良好的半日照處，晾乾3～4天左右，然後種植在已經乾燥的用土中。換盆後，也不要立刻澆水，最好在3～4天後再澆水。

　　另一方面，在為蘆薈屬、十二卷屬或龍舌蘭屬等粗根型的多肉植物換盆時，盡量不要剪掉根部。弄掉附著在根部的舊土之後，只將枯萎的根部從基部剪除，接著不等它變乾就直接種入土中。栽種之後要立刻澆水，並放置在日照充足的場所管理。

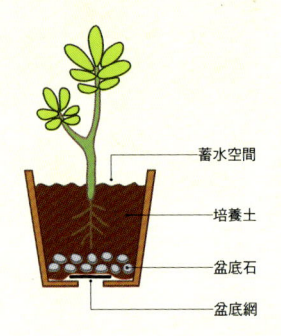

蓄水空間
培養土
盆底石
盆底網

栽植時要預先備妥的器具。左起為盆底網、鑷子、筷子、園藝剪刀、筒形鏟、澆水壺。

細根型的佛甲草屬（左）和粗根型的十二卷屬（右）。各有不同的栽植方法。

process-1
細根型的栽植

擬石蓮花屬的換盆。先讓土壤乾燥之後,將植株從花盆中取出。

弄掉附著在根部的舊土,剪掉過長的根。

將枯萎之後無精打采的下部葉子,使用鑷子從基部拔除。

如果側面長出了子株,就從基部剪下來,然後另外種植。

完成根部的處理之後,將植株放在通風良好的半日照場所,乾燥3～4天左右。

準備新花盆,先鋪上盆底網,然後鋪滿足以覆蓋花盆底部的浮石。

接下來加入培養土。配合植入的高度,倒入適量的土壤。

將擬石蓮花屬的植株放入花盆中,由植株旁邊一點一點添加用土,將它栽植在花盆中。

process-2
粗根型的栽植

為蘆薈屬的綾錦換盆。握住植株底部,由花盆中取出。

鬆開根部,弄掉根部的土壤。使用筷子小心地進行作業。

用園藝剪刀剪掉枯萎或是變黑的根部。

枯萎的下部葉子也先用園藝剪刀剪除。

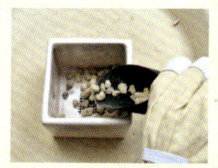

準備一個比植株大上一圈的花盆,然後加入足以覆蓋花盆底部的浮石。

加入培養土。配合種入的高度先加入適量的土壤。

將蘆薈屬的植株放入花盆中,用手按住,同時一點一點地加入用土種植植株。

只要用筷子輕輕戳刺用土,土壤就會確實地進入到深處。

栽培課程

LESSON 03

放置的場所和澆水

　　試著想想仙人掌和多肉植物自然生長的環境，乾燥、濕度低、日照充足、土壤不肥沃但是排水良好的場所可以說是它們的共通點。依據這點來考慮放置場所的話，濕度不高而且可以長時間接受日照的地方是最適合的場所。要避開濕度高的潮濕場所，盡可能選擇通風良好的場所。如果放置在濕度高的場所會造成根部腐爛，而且日照不足的場所會造成莖部徒長或是葉子的顏色變差，整個植株可能會變得很虛弱，最終枯死。

　　如果是放置在室外管理，要盡可能確保將多肉植物放置在不會淋到雨且日照充足的場所。日照方面，必須注意陽光照入室內的方式會因房屋方位和季節而有所不同。如果日照不夠充分的話，可能必須經常移動花盆。此外，在夏季的高溫期，如果將花盆直接放在水泥地上，花盆內部可能會形成高溫，所以要擺放在專用花架上使通風良好，而盛夏時節直射的強烈陽光也會造成葉子灼傷，所以要使用寒冷紗等遮蔽陽光。

　　如果是放置在室內管理，也要盡可能讓多肉植物接受陽光照射。即使擺放在看似明亮的場所，對植物來說也經常有日照不足的情況。窗邊終究是室內的最佳位置。偶爾打開窗戶使室內通風，就不用擔心植株受到悶熱。但是，如果盛夏時放置在會直接照到西曬陽光的凸窗等處，就要根據多肉植物的種類，注意避免葉子灼傷。

如果是在室內栽培的話，日照充足的窗邊是最佳位置。要偶爾打開窗戶使通風良好。

室外的話，要放置在不會淋到雨的場所。如果直接放在地板上，夏季的陽光反射會使花盆內形成高溫，所以使用花架會比較放心。

澆水的時候，基本上要大量澆水，澆到水從花盆底部流出為止。

放置多肉植物的場所，基本上以日照充足的明亮場所為最佳位置。也要注意通風。

多肉植物具有在株莖和葉子中儲存水分，耐得住乾燥的特性，所以就算稍微忘了澆水，也不會輕易枯死。相反的，因為澆了太多水造成根部腐爛，最終枯死的情況似乎經常發生。

澆水的基本規則是，等花盆裡的土壤乾掉之後再澆入大量的水，澆到水從花盆底部流出來為止。基本上要斟酌土壤是否全部變乾再澆水。請注意，如果澆水的次數太頻繁，很容易造成徒長的情況。尤其是葉片上面附著白粉的多肉植物，在澆水時很容易弄髒，所以澆水時不是將水澆在葉子上，而是要朝著植株的基部澆水。此外，葉子呈蓮座狀的擬石蓮花屬等多肉植物，如果水聚積在中央，可能會從那裡開始腐爛，或是因為透鏡的聚光效果而造成葉子灼傷。澆水之後最好將水吹掉。

最後，要配合多肉植物的生長週期來考慮澆水。夏型種從春季到秋季要進行基本的澆水，但是在冬季的12～2月期間即使很少澆水也沒關係。如果是春秋型種的話，除了冬季之外，夏季時的活動力也會變弱，所以要根據品種在7～8月期間停止澆水，或者控制在每個月澆水1次的程度。另一方面，冬型種是不耐夏季暑熱的族群，要從梅雨季開始減少澆水，並且放置在通風良好的半日照處管理。夏季時，每個月澆水1次左右，或者停止澆水。入秋之後逐漸增加澆水的次數和水量。即使是冬型種，在嚴寒時期生長速度也會稍微變慢，所以也要稍微減少澆水次數。

即使是夏型種，也要避開盛夏時的陽光直射，給予遮光並且保持良好的通風。不要在白天澆水，最好是在早晚或是夜間澆水。

冬季時要將不耐寒的品種拿進室內。在1月前後的嚴寒時期，即使是冬型種最好也要減少澆水的次數。

栽培課程

LESSON 04

各種繁殖的方法

🌱 由1片葉子培育成株

　　多肉植物的繁殖方法有「葉插法」、「扦插法」、「分株法」等。

　　葉插法指的是以一片片的葉子培育成植株的方法。雖然相較於扦插法和分株法，葉插法需要稍微久一點的時間，但是優點在於一次就可以繁殖出許多植株。像是在澆水的作業中掉落的葉子等，也可以用來繁殖。除了佛甲草屬和伽藍菜屬等繁殖力旺盛的種類之外，包括擬石蓮花屬、青鎖龍屬、天錦章屬等，有許多種類也可以利用葉插法來繁殖。但是，銀波錦屬、黃菀屬和龍舌蘭屬等則不太適用。

　　要用於葉插法的葉子，必須從葉子的基部小心地摘下來。準備一個平坦的盆器，在裡面放入乾燥的土壤，然後只需將葉子排列放置在土壤上就可以了。放置在半日照的場所管理，在此期間都不要澆水，直到從葉子的基部開始長根為止。數週之後會冒出小芽，然後漸漸長出葉子。冒出小芽之後要立刻用噴霧瓶噴水。當原來的葉子枯萎，新芽長到2cm以上時，用鑷子夾住植株的底部，將它種在花盆中。

散落的佛甲草屬的葉子等，只需將葉子放置在乾燥的土壤上面，就可以長出新的植株。

托盤裡有許多片葉子正以葉插法繁殖。可以一次繁殖出許多的植株。

120

當莖長得太長變得不平衡時,可以進行扦插法來改造植株。母株也會從切口附近發出新芽。

製作各種不同的插穗,將它們晾乾。只是將它們插入小瓶子裡並排在一起就很可愛。

扦插法要讓插穗的切面變乾

接下來要向大家介紹以扦插法繁殖的方法。扦插法指的是由母株剪下插穗進行繁殖的方法。剪下健康的插穗之後,插入用土中培育成株。重點是在將插穗插入土壤之前,要先放在通風良好的陰涼處晾乾2～3週。這麼一來,插穗會長出根來,變得比較容易栽植。即使只是先將剪下來的插穗插入小瓶子等容器中,也可以變成可愛的室內裝飾。

待插穗晾乾之後,將培養土放入花盆中,然後插入插穗。如果是像佛甲草屬和青鎖龍屬等莖部有葉子密集生長的類型,最好先摘除下部的葉子,以便空出要插入土壤中的部分。此外,如果是已經徒長的植株,也可以剪下節間長出的部分,然後利用扦插法改造植株。

要等到插穗發根的話,佛甲草屬和蓮花掌屬需費時約10天,而青鎖龍屬和銀波錦屬等則需要20天～1個月左右。但是也有一些品種,例如黃菀屬和一部分的蓮花掌屬等,在剪下插穗之後立刻插入用土中也沒問題。插入插穗之後,要給予大量的水。

製作佛甲草屬的插穗

剪下植株的頂端部分,先摘除一些下部的葉子。

將插穗放入瓶子等容器中,讓插穗晾乾4～5天。

先前摘除葉子的部分會長出新的根。

栽培課程

將由母株基部長出的子株連根一起切離，分開植株，然後再各自栽植在大小合適的花盆中。

🌱 由基部分出植株即可繁殖

分株法指的是將已經發根的子株切離母株，然後分別栽植的方法。分株法是最簡單就可以達成的繁殖方法，適用於根部比較粗的類型。龍舌蘭屬、蘆薈屬和十二卷屬的成員等，都屬於容易進行分株的族群。

這些植物屬於子株會從植株基部獨立生長出來的類型，所以如果不為它們換盆或是分株，保持原樣擱置不管的話，植株就會不斷繁殖，使花盆裡長滿了根。

子株長成之後，首先從花盆中拔出整棵植株，小心地弄掉附著在根部的土壤，徹底鬆開互相纏繞的根部之後，小心地逐一取下附著在植株外側的子株。分切成適度的分量，最好不要將太小的植株單獨分離出來。這時，最好先剪除變黑的部分或是枯萎的根部。

分離出來的子株，不需要將根部晾乾，要立刻栽植在另一個花盆中，然後澆水。

十二卷屬的分株

隨著子株的增長，根系已經塞滿花盆中的十二卷屬，必須進行分株。

從花盆中取出植株，將附著在根部的土壤清除乾淨。

保留根部不動，分開成2棵植株。

各自栽植在適當大小的花盆中就完成了。

首先最好將切面朝上，放在陰涼處晾乾2天（左），接著倒過來晾乾2天（右）。

🌱 剪下子株即可繁殖

　　像蓮花掌屬、伽藍菜屬和青鎖龍屬等多肉植物，這種莖部會呈棒狀延伸生長的類型，剪下側芽即可繁殖。此外，像擬石蓮花屬、長生草屬和厚葉草屬等，這種與母株相連產生子株的類型，切下子株也可以繁殖。

　　如果是莖部伸長呈棒狀的類型，在剪下插穗之後，最好讓切面充分變乾。首先，將切面朝上放在陰涼處晾乾2天左右，接著倒過來晾乾2天左右會比較放心。這時，最好利用小花盆來晾乾。待切面完全乾燥之後，就栽植在新的用土中。

　　如果是母株和子株在基部相連的類型，最好在母株換盆的同時進行分株的作業。待根部和切面乾燥之後再分別栽植在不同的盆器中，但是如果子株已經長出足夠的根部，因為不需要讓切面變乾，所以要立刻栽植在土壤中。栽植之後，最好在3～4天內不要澆水。

剪下從母株的莖部長出的側芽，製作成插穗。讓切面乾燥幾天之後，再將插穗插入乾燥的土壤中讓它長根。

栽培課程

LESSON 05
配合季節採行的管理方法

spring
❦ 春季是生長的季節

日照時間逐漸變長,天氣開始回暖的春季,是適合所有多肉植物生長的季節。氣溫上升之後,就可以將冬季時拿進室內的不耐寒品種,移至室外陽光充足的地方。而且,這也是適合夏型種和春秋型種換盆的季節。植株已經長大或是下部葉子已經枯萎的多肉植物等最好在這個時期換盆。

summer
❦ 炎夏時多肉也無精打采

進入梅雨季之後,要將多肉植物移至不會長時間淋雨的場所,並在通風良好的條件下培育。氣溫升高的盛夏時節,需注意避免強烈的日曬。也需要費心避免陽光直射,或是遮擋西曬的陽光等。夏型種在土壤乾燥後要大量澆水,但是休眠的冬型種和春秋型種,則要減少澆水,並且移至半日照的陰涼場所。

autumn
❦ 秋季要有充足的日照

熬過暑熱過後,較容易度過的秋季也可以說是適合栽培多肉植物的季節。不論培育任何品種都需要充足的日照。颱風來襲時,要在風雨來臨前移入室內。此時是適合冬型種換盆的最佳時期,所以要將已經長大的植株換盆。葉子會隨著氣溫下降而轉紅的品種,在室外接受充足的日照並且減少澆水,就能培育出漂亮的顏色。

winter
❦ 冬季要採取防寒對策

雖然冬型種等耐寒的品種也可以在室外培育,但是不耐寒的品種最好移至日照充足的窗邊等處栽培。白天天氣好的時候,要打開窗戶讓室內通風。在嚴寒地區,夜間窗邊的氣溫會下降,所以必須費心採取防寒對策,例如使用厚質的窗簾,或是將多肉植物配置在房間的內部等等。

依照生長模式分類 栽培曆

	春秋型種	夏型種	冬型種
3月	生長期		
4月			生長期
5月			
6月	放置在不會淋到雨、通風良好的場所	放置在不會淋到雨、通風良好的場所	放置在不會淋到雨、通風良好的場所
7月	休眠期 放置在半日照、通風良好的場所	生長期 避免西曬的陽光，注意不要使葉子灼傷	休眠期 放置在半日照、通風良好的場所
8月			
9月	生長期		
10月			
11月			生長期
12月	將不耐寒的品種拿進室內	將不耐寒的品種拿進室內	
1月	休眠期	休眠期	
2月			

澆水量普通　澆水量較少　斷水　適合換盆的時期　適合繁殖的時期　開花期

植 物 名 索 引

英文

bicarinata	53
brownii	54
christiansenianum	58
cunmingii	84
Gazelle	103
Granada	104
hebdingi	107
jubilee	104
ovipressum	57
Red Chief	103
turbinata	55

1～5劃

乙女心	97
八千代	100
八重垣姬	83
十二卷屬	80
千代田之松	94
千兔耳	88
大玉簾	100
大和錦	71
大津繪	89
大唐米	98
大宮人	51
大納言	57
大戟屬	74
子持蓮華	93
子貓之爪	59
小人之座	83
小白鴿	85
小槌	57
山地玫瑰	49
不死鳥錦	87
五色萬代	50
什巴大戟	76
天堂心	64
天章	46
天錦章屬	46
巴	62
巴里玉	92
幻蝶蔓	109
方塔	63
日輪玉	89
月兔耳	86
木樨景天	101
毛風鈴	58

火祭	61
爪蓮華錦	93
仙人之舞	87
仙女杯屬	66
仙城莉椒草	95
冬之星座	85
古紫	68
巨牡丹	84
布朗尼銅壺	58
布蘭迪	72
玉光	102
玉扇	81
玉葉	99
玉蝶	71
玉露	80
瓦松屬	93
生石花屬	89
白弓臥牛	77
白亞塔	53
白狐	51
白姬之舞	88
白壽樂	106
白銀之舞	87
皮克大	82
石榴玉	90

6～10劃

冰砂糖	82
吉娃娃	67
回歡草屬	52
宇宙之木	64
曲水之宴	84
朱唇石	47
朱蓮	88
百惠	103
肉錐花屬	56
伽藍菜屬	86
佛甲草屬	97
佛指草屬	52
克拉夫	64
克雷克大	81
吹雪之松錦	52
呂千繪	62
杜里萬蓮	72
沙魚掌屬	77
沙博姬	70
沙漠玫瑰	110
沙漠玫瑰屬	110

貝信麒麟	76
京之華錦	83
卷絹	102
怪魔玉	75
拇指仙女杯	66
明鏡	49
松之綠	98
松塔掌屬	53
松蟲	47
臥牛	77
花司	72
花葉圓貝草	88
花麗	69
金鈴	52
長生草屬	102
雨滴	73
青春玉	56
青瓷玉	91
青雲之舞	84
青鎖龍屬	61
非洲霸王樹	109
南十字星	61
厚葉月影	68
厚葉草屬	94
帝玉露	80
星乙女	61
星美人	94
春之潮	85
柱葉大戟	76
疣葉風車	85
祇園之舞	70
紅大內玉	92
紅牡丹	105
紅花月	62
紅背椒草	95
紅彩閣	74
紅窗玉	91
紅稚兒	64
紅葡萄	79
紅蓮華	104
美空鉾	106
美樂蒂	101
美豔	82
若綠	65
虹之玉	97
虹之玉錦	97
風車草×擬石蓮花屬	79
風車草屬	78
神刀	63

名稱	頁碼	名稱	頁碼	名稱	頁碼
神風玉	54	雲葉古木	96	養老	67
香雲天章	47	黃菀屬	106	魅惑之宵	68
哨兵花	111	黃麗	100		
姬笹之雪	50	黑法師	48	**16～20劃**	
姬亂雪	50	圓空	56	勳章玉	58
姬蓮	69	塔椒草	95	樹冰	105
姬朧月	78	嫁入娘	59	錦乙女	65
峨眉山	75	慈晃錦	55	錦司晃	72
席巴女王之玉櫛	109	新玉綴	98	錦鈴殿	46
扇雀	87	群雀	94	靜夜	69
晃玉	74	聖典玉	92	龍舌蘭屬	50
桃源鄉	65	萬象	81	龍鱗	80
海葵角屬	107	萬壽姬	82	龍鱗沙漠鳳梨	66
特葉玉蝶	71	葡萄法師	49	擬石蓮花屬	67
琉璃晃	75	壽	81	薄化妝	101
粉藍	73	壽麗玉	90	黛比	79
索科特拉沙漠玫瑰	110	榮	103	藍色天使	79
索馬利亞沙漠玫瑰	110	熊童子	59	藍寶石	70
逆弁慶草	99	福龜耳	86	蟬翼玉露	83
逆鉾	55	福娘	60	雙眸玉	89
酒瓶蘭	111	精靈	105	曝日	48
針葉虎眼萬年青	111	綠之鈴	106	麗人盃	104
馬齒莧屬	96	綠爪	70	麗娜蓮	69
高砂之翁	73	綠龜之卵	98	寶珠扇	101
		綾椿	105	蘆薈屬	51
11～15劃		綾絹	102		
寂光	56	綾錦	51	**21～28劃**	
御所錦	47	翡翠球	49	鐵甲丸	74
莫氏大戟	75	聚葉塔	53	露美玉	90
雪蓮	67	舞乙女	62	響	55
雪錦晃星	73	蓊蓮屬	109	戀心	99
凱特	68	蒼角殿	111	蘿藦毛絨角	107
富士	93	銀之鈴	60	變色龍	99
惠比須笑	109	銀天女	78	豔日傘	48
棒槌樹屬	108	銀明色	71		
森聖塔	60	銀波錦	60		
椒草屬	95	銀波錦屬	59		
琥珀玉	91	銀箭	65		
硬葉鳳梨屬	66	銘月	100		
紫帝玉	96	鳳卵草屬	96		
紫背蘿藦	111	鳴弦玉	90		
紫勳	91	褐矮星	86		
絲莖天章	46	劍葉菊	107		
翔鳳	54	墨小錐	57		
菊日和	78	樂地玉	92		
象牙子寶	77	皺葉麒麟	76		
象牙宮	108	蓮花掌屬	48		
象牙塔	63	蔓蓮華	63		
		蝦鉗花屬	54		

日文版STAFF

內文設計　　橫田和巳（光雅）
插圖　　　　コハラアキコ
照片拍攝　　平野 威、五百蔵美能
編輯・撰文　平野 威（平野編集制作事務所）
企劃　　　　鶴田賢二（クレインワイズ）

TANIKU SHOKUBUTSU KAWAII ARRANGE TO GENKI NI SODATERU KNOW-HOW
© KASAKURA PUBLISHING Co., Ltd. 2019
Originally published in Japan in 2019 by KASAKURA PUBLISHING Co., Ltd., TOKYO.
Traditional Chinese translation rights arranged with KASAKURA PUBLISHING Co., Ltd., TOKYO, through TOHAN CORPORATION, TOKYO.

多肉植物栽培圖鑑
認識不同多肉植物的魅力，輕鬆打造迷你綠植空間

2025年6月1日初版第一刷發行

編　　　著	笠倉出版社
譯　　　者	安珀
特 約 編 輯	邱千容
美 術 編 輯	許麗文
發 行 人	若森稔雄
發 行 所	台灣東販股份有限公司
	＜地址＞台北市南京東路4段130號2F-1
	＜電話＞(02) 2577-8878
	＜傳真＞(02) 2577-8896
	＜網址＞https://www.tohan.com.tw
郵 撥 帳 號	1405049-4
法 律 顧 問	蕭雄淋律師
總 經 銷	聯合發行股份有限公司
	＜電話＞(02) 2917-8022

禁止翻印轉載，侵害必究。
本書如有缺頁或裝訂錯誤，請寄回更換（海外地區除外）。
Printed in Taiwan.

國家圖書館出版品預行編目(CIP)資料

多肉植物栽培圖鑑：認識不同多肉植物的魅力，輕鬆打造迷你綠植空間/笠倉出版社編著；安珀譯 -- 初版 -- 臺北市：臺灣東販股份有限公司, 2025.06
128面；14.8×21公分
ISBN 978-626-379-923-3(平裝)

1.CST: 多肉植物 2.CST: 栽培

435.48　　　　　　　　114004682